心灵捕手

弗洛伊德的爱欲推理

Good Will Hunting

王溢嘉 / 著

台海出版社

图书在版编目（CIP）数据

心灵捕手：弗洛伊德的爱欲推理 / 王溢嘉著 . --
北京：台海出版社，2019.3
ISBN 978-7-5168-1804-6

Ⅰ . ①心… Ⅱ . ①王… Ⅲ . ①弗洛伊德 (Freud, Sigmmund 1856-1939) —心理学—通俗读物 Ⅳ . ① B84-065

中国版本图书馆 CIP 数据核字（2019）第 045469 号

心灵捕手：弗洛伊德的爱欲推理

著　　者：王溢嘉

责任编辑：刘　峰　贾风华　　　　装帧设计：异一设计
责任印制：蔡　旭
版权支持：锐拓传媒 copyright@rightol.com

出版发行：台海出版社
地　　址：北京市东城区景山东街 20 号　邮政编码：100009
电　　话：010 — 64041652（发行，邮购）
传　　真：010 — 84045799（总编室）
网　　址：www.taimeng.org.cn/thcbs/default.htm
E - mail：thcbs@126.com

印　　刷：玉田县昊达印刷有限公司
开　　本：710 毫米 ×1000 毫米　1/16
字　　数：180 千字
印　　张：13.25
版　　次：2019 年 5 月第 1 版
印　　次：2019 年 5 月第 1 次印刷
书　　号：ISBN 978-7-5168-1804-6
定　　价：45.00 元

自序
弗洛伊德与福尔摩斯

大学毕业前后，我曾以翻译糊口，好友孙庆余对我照顾有加，经常将他承揽的“生意”分给我一杯羹，要我翻译书中的部分篇章。其中有一本是《福尔摩斯探案集》的完结篇《最后一案》，书中有一段侦探大师福尔摩斯和精神分析大师弗洛伊德演出的精彩对手戏，就是我译的，大意如下：

福尔摩斯的好友华生医生为了帮福尔摩斯戒掉古柯碱的毒瘾，而带他到维也纳去拜访弗洛伊德。弗洛伊德利用催眠术治好了他的毒瘾后，出于想“一窥福尔摩斯思想究竟”的好奇，或者说想了解他为什么选择侦探这个行业，为什么对女人没有好感，为什么染上古柯碱毒瘾，又为什么会厌恶莫里亚蒂教授等问题，而对他做了最后一次催眠。

在催眠状态中，福尔摩斯说出了早年的一段不幸经验：他母亲与人通奸，他父亲在一怒之下手刃了奸夫淫妇，他本来不知道这个秘密，而向他泄露这个秘密的就是他的家庭教师莫里亚蒂教授。

虽然现在的福尔摩斯已经“完全忘记”了这些事（被压抑到潜意识里），但弗洛伊德终于了解，福尔摩斯上述的一切选择，都是种因于当年的那次创伤经验。

这当然只是小说笔法，不过却让人印象深刻。

最近重读弗洛伊德的旧作，忽然又想起《最后一案》这本小说，觉得从某个角度来看，弗洛伊德其实也是个“侦探”——心灵的侦探大师。来向他求助的病人心里也都有一大堆的“为什么”——为什么我会有挥之不去的怪异念头、莫名其妙的症状、荒谬离奇的梦境，等等。这些就跟侦探小说里诡谲的案件一般，有着谜样的色彩，让人想一探究竟。而弗洛伊德的“治疗”与福尔摩斯或金田一的“办案”，在本质上也非常类似，那就是从现有的线索中抽丝剥茧，“破解”各种惑人耳目的手法，回头追查那不为人所知的悲伤过去，让当事者隐藏的“动机”浮现于台面。不同的是，福尔摩斯和金田一面对的是狡猾的凶手，处理的是“意识”层面的问题；而弗洛伊德面对的是痛苦的病人，处理的是“潜意识”层面的问题。

其实，作为一个知识体系，在理论的层次，弗洛伊德的精神分析学也有晦涩难懂的一面，但它之所以比其他知识体系更让人着迷，有一个原因就是弗洛伊德擅于运用病例（还包括文学艺术作品）来剖析人类的心灵，而其中最引人入胜、最骇人听闻或最引起争议的莫过于跟“性”有关的病例。但这些病例散见于他卷帙浩繁的著作中，有的极为冗长，有的则过分简略，而且夹叙夹论，对一般读者来说，不仅有阅读上的不方便，而且有些还让人昏昏欲睡。有鉴于此，我以弗洛伊德在这方面最具代表性的三十个病例为素材，将它们改写成类似“短篇爱欲推理小说”的形式，在“推理”方面，尽量保持弗洛伊德的原意，让读者既能粗略地认识精神分析的某些观念，同时又有阅读推理小说的乐趣。这种乐趣，其实也是我最近重读弗洛伊德的最大收获，因为在我的认知里，弗洛伊德已经越来越像个“观察入微、思维缜密”的心灵侦探兼“想象力丰富”的隐性小说家。

王溢嘉

二〇〇〇年三月

目录

档案 01

桌巾上的斑点

“我每天总会好几次从一个房间跑到隔壁的另一个房间，按铃要女仆过来。其实，也没有什么特别的事……女仆进来后，我不是交代她去做一些琐事，就是干脆挥挥手要她离开。然后，我又回到自己的房间，但过没多久，又重复同样的动作。”

“医生，有一件事困扰我很久，说来也许会让您觉得很好笑。”一个年近三十岁的女子，在进了诊疗室，坐定后，如是说。

“在我这里，没有好笑的事，只有奇怪的事。”弗洛伊德打量眼前的这名女子，微笑说。每天，都有不少病人来到这里，说出一些奇怪的症状，要求治疗。

“我每天总会好几次从一个房间跑到隔壁的另一个房间，按铃要女仆过来。其实，也没有什么特别的事……女仆进来后，我不是交代她去做一些琐事，就是干脆挥挥手要她离开。然后，我又回到自己的房间，但过没多久，又重复同样的动作。”

虽然不是很严重的症状，但却怪异得足以挑起人们的好奇心。

“那个房间里有什么特别的东西吗？”弗洛伊德像个侦探似的开始询问起来。

女子想一想，说：“也没有什么特别的东西，房间中间摆了一张餐桌，我就站在餐桌旁边叫女仆进来。”

“你不知道自己为什么会这样做吧？”

这个问题其实是多余的，但弗洛伊德还是不免这样问。病人就是因为“莫名其妙”，不知道自己“为什么”会有那些怪异的症状才上门的。而找出原因，揭开谜底，就是弗洛伊德的工作。在病人如预期般地回答“不知道”后，弗洛伊德说：

“每一件事情，不管多么怪异，都一定有它的原因，只是我们现在还不知道而已。但要找出原因，主要还是靠你自己……”

为了增加病人对自己的了解和信赖，弗洛伊德向她说了当年他在学习催眠术时，所目睹的一项实验：

催眠师先将一个病人催眠，暗示他在醒来五分钟后，要将房间里的一把伞打开来。然后解除催眠，恢复神智的病人跟平常一样，但在五分钟后，他却仿佛受到某种魔力的驱迫，身不由己地去打开房间里的那把伞。

你若问他：“为什么这样做？”

他会说“不知道”，或编造各种合理化的理由。

“这就是潜意识的心理运作，”弗洛伊德解释说，“催眠师给病人的指令存在于潜意识中，病人醒来后完全没意识到它的存在，但他的行动却受到这个指令的驱使。”

“您是说我的症状就跟他一样？”女子好像有点了解了。

“不错。我们现在就要来寻找驱使你做出那些动作的潜意识原因。”

“那您是要将我催眠了？”女了有点紧张、又有点好奇地问。

“我现在已经很少使用催眠术，病人在被催眠后会失去自主性，成了受催眠师摆布的行尸走肉，我觉得这样不太好。”弗洛伊德解释说，“我现在已经改用自由联想法，它可以得到同样的效果，而病人也完全清醒，知道自己在做什么。”

所谓“自由联想”，就是让病人躺在一张舒适的长沙发上，闭着眼睛，放松身体，在弗洛伊德的引导下，病人将浮现于脑海中的任何想法，都一五一十地说出来，不能有任何理智的检查、筛选或判断，它是让潜意识内涵浮升到意识层面的有效方法。

女子依言躺到长沙发上后，弗洛伊德开始提问：“你结婚了吗？”

“十几年前就结婚了，但现在，我和丈夫分居。”

“有什么原因让你们分居吗？”

“唉，这个说来话长……”女子叹口气说。

“那就从你们的新婚生活说起吧。”

“新婚……”女子显得有点犹疑。

“不要压抑，想到什么尽管说，在这里可以无所不谈。”弗洛伊德鼓励她。

“那是新婚之夜……”女子仿佛陷入了回忆之中。

十几年前，她和一位比她年长许多的男人结婚。在新房里，他们从一开始就各有一个房间。

“新婚之夜，我丈夫一再从他的房间跑进我的房间，一再尝试要和我行周公之礼，但他那个……东西却不听话，阳痿不举，每次都徒劳往返……”

“后来呢？”弗洛伊德点上一根雪茄，冷静地问。

“到天亮时，他气急败坏地说：‘等一下女仆进来铺床时，看到洁白的床单，会让我感到羞愧！’说着，就随手拿起一瓶红墨水倒在床单上，但却没有倒在合适的位置，任何人看了，都知道那是虚假的落红。”

为了维护所谓“男子汉的尊严”，有些男人会做出荒谬可笑的事。

这时，女子忽然从长沙发上坐起来，说她觉得这件事和她现在的强迫性动作有关。

“的确是有一点关系。”弗洛伊德沉吟道。

但他也有一点怀疑，因为这件往事和她现在的症状唯一的相似之处是她从一个房间跑到另一个房间，或许还可以加上女仆进来这一幕。不过他必须相信病人的直觉，因为直觉往往也是来自深藏的潜意识。

在下一次面谈时，弗洛伊德问了她一个关键性的问题：

“你说你叫女仆进来时，总是站在一张餐桌的旁边，那张餐桌有什么特别的地方吗？”

“餐桌上铺着一条桌巾，桌巾的正中央有一个红色的大斑点。”女子说。

这就对了！弗洛伊德终于解开了谜团，也知道了那个怪异症状所代表的意义。

就像我们在做梦时经常运用象征一般，病人的强迫性动作也在运用象征，桌子和桌巾可以代表床和床单，病人在症状中其实是在扮演她丈夫的角色——一再地从一个房间跑进另一个房间，然后叫女仆进来，让她看到桌巾（床单）

上的斑点，如今，它已在合适的位置上。

“你之所以一再重复那个动作，是想纠正某种东西。”弗洛伊德说。

“我想纠正什么呢？”女子有点不解地问。

“当年的新婚之夜，一定让你感到很窘迫，而你丈夫的羞愧更是意料之中的事，最后竟必须用红墨水来遮掩他的阳痿。你现在的强迫性动作就好像在告诉自己：‘不！那不是真的，他不必在女仆面前感到羞愧，他并没有阳痿。’它如同梦中的愿望达成，目的是想让丈夫能跨越过去的不幸。所以，如果我想的没错，你很同情你的丈夫。”

“不瞒您说，我目前正打算和丈夫离婚。”女子幽幽道。

“是你另外有了新欢？”弗洛伊德试探地问。

“这么多年来，虽然曾经有男人追求过我，但我一直对丈夫保持忠诚，为了避免不必要的困扰和诱惑，我不打扮外貌、不见陌生人、经常独自一个人在家里静坐。我从未向任何人提起丈夫阳痿的事实，以免人家对他产生恶意的毁谤。”

女子掩面低泣。

“我早已宽恕我的丈夫，为他感到惋惜，虽然我打算和他离婚，但我希望我们两个人都能因此过上比较惬意、没有压力的单身生活。”

“我很了解你的心意，因为这正是你的症状所要表达的。透过你的症状，你要表达的不只是多年前那未达成的愿望，同时也将丈夫理想化了，希望他不要再为那件事自责。了解症状深层意义的人都会同意，你对你丈夫已经仁至义尽了。”弗洛伊德安慰她。

分手，并不见得是坏事，重要的是彼此心里不要有疙瘩。

那要如何消除眼前这名女子怪异的强迫性动作呢？弗洛伊德又向她提起先前讲过的催眠实验。

“那个病人在接受催眠师的指令后，他并非像笼中兽般毫无脱困之道。其实，只要在他醒来后，有人告诉他，他受到催眠师的暗示，要他在五分钟后打开房间里的那把伞，那他就可以摆脱那个魔咒，不再身不由己、莫名其妙地去打开那把伞。现在你既然知道了你每天那个强迫性动作的潜意识原因，应该也可以摆脱它了！”

于是，在弗洛伊德的祝福下，女子道谢，起身迎向外面璀璨的阳光。

档案 02

渴望被丈夫羞辱的妻子

“先是要我在做爱时能对她粗鲁一点，殴打她也没有关系，她好像还很享受。”

嗯，是有一点被虐倾向。

“慢慢地，又要我用‘贱人’‘淫妇’等难听的字眼骂她，骂得越难听，她越兴奋。”

“我不知道该不该来找您。”

男子狐疑的眼光扫过诊疗室墙上悬挂的一幅画，停在离他不远处的长沙发上，如是说。

“你有什么问题吗？”弗洛伊德露出一个友善的笑容。维也纳夏日的午后，异常炎热，他已经看了两个病人，但他强打起精神。

“不是我有问题，是我太太有点……问题。”男子露出一个无辜的苦笑。

“是哪方面的问题？”弗洛伊德点上一根雪茄，男子还没有回答。他深吸一口雪茄，屈身向前，以洞察心意的口吻说，“是性方面的问题吗？”

在维也纳，弗洛伊德的“性治疗”名声已经慢慢传播开来，来找他的多半是为这方面的问题而苦恼的。

既然被看穿了心事，男子似乎松了一口气，说：“对，是性方面的问题。”

男子说他和妻子结婚多年，婚姻生活还算美满，在性方面也颇为和谐。但最近几年，妻子在床笫间却慢慢变了样……

“先是要我在做爱时能对她粗鲁一点，殴打她也没有关系，她好像还很享受。”

嗯，是有一点被虐倾向。

“慢慢地，又要我用‘贱人’‘淫妇’等难听的字眼骂她，骂得越难听，她越兴奋。”

这也是一种被虐——心理被虐，渴望受到羞辱。不知道是雪茄的作用，还是因为这位男子妻子的症状，弗洛伊德的精神提振了不少。

“最后，她竟要我掀开她的两条大腿，任意检查、玩弄她的私处，再粗暴地插入。”

好像被人强暴一般？难道他妻子有“被强暴的愿望”？弗洛伊德曾经因提

出某些女人在潜意识里有“被强暴的愿望”而被骂得狗血喷头，但事实摆在眼前，确实有这样的女人。

“医生啊，我太太是不是有病？”男子无奈地说，“有时候我怀疑她真的可能是个淫荡的女人，也许背着我在外面和其他男人乱搞？”

原来丈夫担心的是这个。

“照你这样说，你太太的确有点病，”弗洛伊德也无奈地说，“但应该来看我的是你太太，而不是你呀！”

改天，男子带了他太太一起来见弗洛伊德，然后先行离去。弗洛伊德看眼前的这名女子，和一般的家庭主妇没有两样，举止温驯，似乎不像什么“淫妇”。

“你知道你丈夫为什么要你来这里吗？”

“知道。”女子有点忸怩地低声说。

这表示她也觉得自己有点病态。有治疗的意愿，这样事情就好办多了。

弗洛伊德直接进入正题，询问她在床笫间的表现。女子所说的跟丈夫的描述差不多。

“在和丈夫这样做时，你心里有什么幻想吗？”

“我幻想，我幻想……”女子的眼睛变得迷离起来，“我幻想有一大堆人在旁边观看，他们都非常享受这种观看。”

也许她丈夫不知道她有这种幻想，否则可能无法有正常的性演出。

“这种幻想让你感到兴奋？”

“是的，”女子低声说，“我要丈夫打我、骂我淫妇、用各种方法羞辱我、有一大堆人在旁边观看……这样我才会感到满足。”

“你不觉得这样很病态吗？你丈夫已经怀疑你可能真的是个淫妇，在外面有男人？”

“怎么会？”女子显得有点惊讶，“正因为我得到了满足，所以不会受到外面的诱惑，它是我对丈夫忠贞的保证呀！”

“病人要对医生诚实，你真的在外面没有男人？”弗洛伊德逼视着她问。

“没有。”女子肯定地说。

“好，”弗洛伊德相信她，然后说，“如果你想拯救你的婚姻，你就要放弃这些特殊的癖好。但首先，我们要找出你这些异常癖好的根源。”

为什么让一般女人不堪的举动，会让这名女子产生异常的性兴奋？

在接下来的面谈和自由联想中，女子说了一些成长过程里的经验，她和父母、兄弟姊妹、同侪间的关系，以及对性的观念和行为等，但与弗洛伊德原先料想的有很大的差距。

有些女人因为觉得自己有强烈的性欲是可耻的，不应该渴望性、不应该采取主动，所以“希望”对方用强的，“不是我要，而是他要”，她只是被迫接纳性这回事。但这名女子显然不是这样，她认为性是美好的，渴望性，而且主动要求丈夫配合她。

难道真是个“淫妇”吗？但为什么会有肉体和心理被虐的明显倾向？弗洛伊德有点迷糊了。

有一次，在面谈时，女子忽然闭上眼睛，用手托着自己的额头，说她有点晕眩。在休息片刻，恢复正常后，她对弗洛伊德说：

“我经常感到晕眩，就跟我父亲一样。”

弗洛伊德对这点感到非常有兴趣，根据他的经验，这可能是一种“症状仿同”，病人经由与父亲相同的症状而“认同”于父亲。

于是，接下来的分析就偏向她和父亲的关系。果然，女子很喜欢她父亲，在她心目中，父亲是个“理想的男人”，她希望丈夫能够跟父亲一样。

“跟父亲一样”？那她为什么要求丈夫做那些事呢？难道……

有一天，他们的话题又回到女子在和丈夫做爱时的性幻想。弗洛伊德问道：“你说在你的性幻想中，当你和丈夫性交时，有一大堆的旁观者，你能告诉我这些旁观者是什么人吗？是你认识的人？还是陌生人？”

“不一定，他们经常变换，有时候很模糊，”女子说，“但我父亲经常置身于旁观者中，观看我和我丈夫……”

多么重要的关键点啊！就好像破案的线索一般。弗洛伊德认为这很可能也是一种仿同作用，在她的性幻想中观看的父亲，代表的就是她自己，她在重复某个埋藏在记忆深处的场景。而在那个类似的场景中，她是观看者！

终于，在弗洛伊德的诱导下，在随后的自由联想中，女子想起了童年时代的一件往事：

“小时候，我和父母睡在同一个房间里。在深夜，我经常从睡梦中醒来……听到或看到父亲在床上……以非常粗暴的言辞和动作对待我母亲。”

“就像你现在要求丈夫对待你的方式？”

“是的。”

这就是她的性被虐症和被丈夫怀疑是个“淫妇”的根源。

“你要丈夫像父亲当年对待你母亲般对待你，这是在重演父母的性行为模式。但你实在不必也不应该这样做，因为那不是正常的夫妻之道。”

弗洛伊德用手轻捻自己的胡须，说：“丈夫就是丈夫，不是父亲的替代品。你往后的幸福是在于你和丈夫的关系，而不是你和父亲的关系。”

在经过一段时间的治疗后，女子在床笫之间慢慢放弃了对丈夫的奇异要求，在结束治疗时，她说：“医生，真感谢您又让我恢复成一个正常的女人。”

弗洛伊德正想客气地说“不谢”时，谁知道女子忽然又暧昧地加上一句：“但我不知道我是否仍能对丈夫保持忠贞？”

弗洛伊德一时无言以对。是的，解决了一个问题，也许又会产生另一个问题，但这似乎已不是弗洛伊德的问题了。

有些女人因为觉得自己有强烈的性欲是可耻的，不应该渴望性、不应该采取主动，所以“希望”对方用强的，“不是我要，而是他要”，她只是被迫接纳性这回事。

档案 03

我怕尿湿了自己

“我一直不敢单独出门。”

“哦？”弗洛伊德问，“街上或外面有什么让你害怕的人或东西吗？”

“没有。”女子说，“事实上，是因为我一上街就会有……想要小便的冲动，我怕找不到厕所而尿湿了自己。只有待在家里，知道厕所就在几步之外，才会感到安全。”

“我一直不敢单独出门。”

说这句话的是一个二十出头的女子，她微低着头，扭绞着双手，显得相当紧张。

“那你怎么来这里的？”弗洛伊德扬了扬眉毛，问。

有些病人的说法跟行为总是存在着矛盾。

“是我母亲陪我来的，她在外面。”女子不好意思地低声说。

“哦？”弗洛伊德问，“街上或外面有什么让你害怕的人或东西吗？”

“没有。”女子说，“事实上，是因为我一上街就会有……想要小便的冲动，我怕找不到厕所而尿湿了自己。只有待在家里，知道厕所就在几步之外，才会感到安全。”

真是奇怪的症状呀！

“你现在也想小便吗？”虽然是有点冒昧的问题，却又不得不问。

“刚刚在外面，已经……小便过了。”女子蚊声说。

是的，为了方便病人，诊疗室外的走廊尽头有一间洗手间。

女子说，其实她并不是特别多尿，但却因怕“尿湿裤子”而经常上厕所。这使她的日常生活受到很大的限制，不敢出门买东西、看戏或从事其他社交活动，只有待在家里才会觉得安全。

也许应该先到泌尿科做个检查吧，但病人既然来了，就先问一些问题吧，说不定是心理因素造成的。弗洛伊德稍作思索后，问道：“这种情形有多久了？”

“三四年了。”

“你结婚了吗？”

“没有。”女子说，“我不想结婚。”

“为什么呢？”弗洛伊德好奇，是因为“小便”的问题吗？

“一想到结婚后要做那种事就觉得浑身不对劲。”女子说。

很多人活着就是为了做“那种事”呀！但弗洛伊德也相当了解，在当时仍有很多人非常保守，认为性是“介于尿屎之间”的肮脏事。“小便”让人联想到“性”，弗洛伊德直觉地认为病人的症状跟性脱离不了关系。

但为了慎重起见，弗洛伊德还是先介绍她去看泌尿科医生，检查肾脏、膀胱、排尿系统有没有什么问题。结果是一切正常，她想小便的冲动显然是心理方面的毛病。

在下一次面谈时，弗洛伊德问她对性的看法。果然不出所料，她是在相当保守、严厉的家庭中长大的，从小就被灌输性是肮脏的、邪恶的观念。这不只跟她畏惧结婚有关，可能也跟她担心“尿湿”自己有关。

但为什么“选择”小便呢？是在童年时代的卫生习惯训练中有什么特殊的遭遇或心理固着吗？这有赖于病人的自由联想。但在经过好几个礼拜的自由联想，女子却都没有说出什么相关的既往经验。弗洛伊德将它解释为病人内心有强大的抗拒力，于是改用“前额触摸法”——将手按在病人的前额，暗示她想起与症状相关的往事。这是他刚放弃催眠术后，所采用的方法；过去有不少宗教界人士也用这种方法，有“诉诸权威”和“神秘暗示”的双重效果。

结果还是不得要领。显然是因为病人对性过度嫌恶，在这方面的抗拒力非常大。

正当弗洛伊德快要失去耐心时，女子终于经由她不情愿的口中，结结巴巴地说出如下的往事。不是童年经验，而是几年前才发生的事：

“几年前，我去听一场音乐会（当时还没有出现上述症状），在表演厅里，看到一位男士，就坐在离我几个座位的地方，我被他的魅力所吸引……”女子喃喃说。

“这违反了你一向对男人的看法？”

“是的，”女子如梦似幻地说，“我竟开始幻想我是他的妻子，就坐在他身边，恩爱地一起聆听美妙的音乐会。那是多么令人期待啊！但就在这个时候，我忽然产生一种忍禁不住的、必须立刻去小便的感觉……”

弗洛伊德知道，当时她其实也感受到一种模糊的性兴奋，说不定就是这种不被允许的兴奋扭曲成想要小便的冲动；或者她刚好在那个时候尿急，小便的冲动和性兴奋就产生了连配关系。但他继续倾听。

“当时因为实在忍不住，我只好蹒跚地穿越旁边座位上的听众，火速跑到表演厅侧廊的女厕所。结果，我发现……我的内裤有点湿了。真丢脸。”

“后来呢？”

“接下来几天，我有一种说不出的嫌恶感，发誓绝不再想那个男人。”

她的确是没有再想那个男人。因为那个男人还有在音乐会上所发生的一切，都被她驱赶到潜意识里（所以她现在要费很大的劲才再度想起），唯一留下的就是想要小便的冲动，和担心尿湿自己的非理性畏惧。

“你现在知道你这些症状的意义了吗？”弗洛伊德问。

女子似懂非懂。

“正常的性兴奋被你扭曲成想要小便、尿湿裤子之类肮脏的事，它是你严苛性观念的杰作。至于你为什么会害怕尿湿自己呢？答案就在它的结果里，你因此而变得只能待在家里，不敢出门——这不止阻止你和那个男人见面，甚至是断绝了你再遇到任何你喜欢的男人的机会。”

女子轻扭自己的双手，陷入了沉思。

“我以前看过一个男病人，他在小便时有一种奇怪的想法，每次都拼命数数字，看能不能够数到一百。没数到一百，就有点失望。你知道为什么吗？”

女子摇摇头。

“因为他害怕性。小便让他想到性，拼命数数字，是为了让自己不要想到性。”

弗洛伊德以他深邃的目光注视着女子，缓缓说：

“虽然你说性是肮脏的，你不要想它，但你的症状却泄露了你的秘密，盘踞在你脑海里的正是性，只是表现的方式跟人家不一样而已。”

女子又扭紧她的双手。

“一个女人喜欢上一男人，然后和喜欢的男人性交，不只天经地义，甚至是人世间最美好、最让人感到满足的事。你对这种大家梦寐以求的事居然感到嫌恶和罪恶，而且爆发严重的症状，这表示你受到过去不当教养的‘毒害’有多深。”

弗洛伊德劝她为了自己人生的幸福，她应该彻底扬弃不当的性观念，以开朗、期待的心情来面对自己对爱情和性的渴望。

在弗洛伊德的教诲下，女子终于慢慢摆脱了那恼人的症状，能够出门参加社交活动。有一天，她高兴地告诉弗洛伊德，她遇到了一个她喜欢的男人，而家人对他也很中意，他们正准备在不久的将来结婚……

“正常的性兴奋被你扭曲成想要小便、尿湿裤子之类肮脏的事，它是你严苛性观念的杰作。至于你为什么会害怕尿湿自己呢？答案就在它的结果里，你因此而变得只能待在家里，不敢出门——这不止阻止你和那个男人见面，甚至是断绝了你再遇到任何你喜欢的男人的机会。”

档案 04

一间去过两次的房子

“我一直有个想要死掉的冲动，或者说愿望吧。”

“你该不会是个嘲弄或者鄙夷生命的虚无主义者吧？”

“我没有那么深奥，”年轻男子摇摇头，变得有点苦恼地说，“这种想要死掉的想法总是在不意间冒出来，在心情很愉快的时候，譬如和朋友去旅行，置身于美丽的风景中，忽然就会兴起‘不如就这样死掉好了！’的想法，然后心中就有一股莫名的哀愁。”

“我一直有个想要死掉的冲动，或者说愿望吧。”

坐在弗洛伊德对面的年轻男子心平气和地说。

“你最近遭遇什么挫折吗？有什么事让你想不开吗？”弗洛伊德问。

“没有。生活虽然不尽如人意，但也马马虎虎。”

男子说这些话时，两眼不时扫过诊疗室墙上的一幅画和左侧的衣帽架，一副心不在焉的模样，这让弗洛伊德想起在满汉全席的餐桌上谈论“自杀”的叔本华。

“你该不会是个嘲弄或者鄙夷生命的虚无主义者吧？”

“我没有那么深奥，”年轻男子摇摇头，变得有点苦恼地说，“这种想要死掉的想法总是在不意间冒出来，在心情很愉快的时候，譬如和朋友去旅行，置身于美丽的风景中，忽然就会兴起‘不如就这样死掉好了！’的想法，然后心中就有一股莫名的哀愁。”

“你曾经想过要怎么死吗？对自杀有强烈企图心的人，通常会盘算要怎么结束自己的生命。”弗洛伊德相当怀疑他的死亡意图。

“没有。”男子有点不好意思地说，“虽然我一再有死亡的冲动，但并没有真正采取死亡的行动，只是想想，不过我怕有一天真的想不开，踏上死亡的不归路。”

这种“冲动”显然不是以“死亡”为目的，那他所说的“死亡”意味着什么呢？弗洛伊德的兴趣来了，越具有挑战性的症状，越能激起他一探究竟的渴望。

“如果你想找出真正的原因，就请你躺到那里。”弗洛伊德示意病人躺到长沙发上。

在弗洛伊德的诱导下，男子重返他的童年时代。在那重新出土的众多童年往事中，有一件事特别引起弗洛伊德的兴趣。那是发生在病人六岁的时候——

“有一次，我和母亲睡在同一张床上……她睡得很熟……我一时好奇……将手指插进她的阴道里。”男子不好意思地说。

当小孩子因好奇开始他的性探索时，常以自己最亲近的人为探索的对象。偷看姊姊洗澡或掀起妹妹的裙子等是常有的事，但这位仁兄做得未免太过分了一点。

弗洛伊德问他现在对童年时代的此一鲁莽行为有什么看法。

“虽然当时是年幼无知，但现在想起来，还是觉得有某种罪恶感。”男子说。

不错，罪恶感会让人想要自杀——“以死谢罪”。但弗洛伊德认为这种因性好奇而对母亲产生的“非礼”行为，虽然会让人产生罪恶感，但似乎还不至于严重到让人有挥之不去的自杀念头。

那会是什么呢？会是更深的罪恶？或者与罪恶完全无关？

在第二次面谈时，男子主动提起他所做的一个梦：

“昨天晚上我做了一个奇怪的梦，我梦见我去拜访一间房子，虽然它看起来相当陌生，但在梦中，我却深信我以前来过这间房子两次。这个梦到底是什么意思呢？医生，您说梦是愿望的达成，在这个梦中我想达成的又是什么愿望呢？”

愿望？病人的死亡愿望也许是另一个愿望的改装！

弗洛伊德在研究梦后，深知人类的潜意识心灵擅长于在梦中使用象征，特别是性象征；而任何中空的容器，像瓶子、皮包、房间等，都可以是女性生殖器的象征。弗洛伊德于是露出一个宽慰而理解的笑容，说：

“让我们来考虑象征的问题。你梦中的那间房子显然是个象征，你想想看，有什么地方是你以前到过两次，而你现在还梦想再重返——也许是就此一去不回的地方？”

男子有点吃惊地看着弗洛伊德。

"那就是你母亲的子宫（性器）。你出生前在母亲的子宫里住了九个月；六岁时，趁母亲熟睡，你又'回去了一次'。所以，你这个梦向我们透露，你那莫名的冲动针对的其实不是死亡，而是回归！你生命中最大的渴望是重返母亲的子宫，当然，是以各种象征的方式。"

这也说明了为什么他置身于美丽的风景中，会有"就这样死掉算了"的想法，他想回归大自然的怀抱，母亲的怀抱。

"那我该怎么办呢？"男子有点迷糊地问。

"你不要误会。我不是要你再去依恋母亲，那是不可能的，也是幼稚的。身为一个成熟的男人，你应该去追求另一个女人，也许是母亲的替代吧！如果你能有这种认识和转变，你那强迫性的死亡愿望就会消失，从而开始一个创造性的人生。"

男子在离去时，一脸沉思的模样。也许他的确该好好想一想。

弗洛伊德望向窗外，点上一根雪茄，想起了一些病人的梦境。他鼓励病人重视自己的梦，描述他们的梦，因为梦是通往潜意识的辉煌大道。这名男子让他更坚定了自己的某些想法。

有些病人说他们梦见一个地方，心里觉得"我以前到过这个地方"，神秘主义者认为那是当事者"前世"去过的地方；但弗洛伊德另有想法，他认为那个地方应该是"母亲生殖器"的象征，因为"再也没有别的地方让人有如此奇异的确定感"。很多人认为他这种说法"匪夷所思""荒谬绝伦"，但它会比什么"前世"更加"荒谬"吗？

当然，并不是出现在梦中所有让人觉得"以前到过"的风景区或地方，都必须做"性"的解释，而是要看梦的其他内容，还有当事者的问题及联想而定。像这个年轻人，梦见去拜访以前到过两次的房子，除了"母亲的子宫"外，还有更符合他处境的解释吗？

他想起了另一个男病人曾向他报告过一个奇怪的梦：

“我梦见自己置身于一个深坑中，但深坑却有着像维也纳近郊谢莫林隧道那样的门窗。起先，我从窗口往外望，看到空旷的风景；然后，突然有一个图像出现，填塞住深坑的空隙。这张图呈现的是一幅经过深耕的土地，新鲜的空气，蓝黑色的泥巴，整个给人一种‘勤劳奋发’的感觉，激发出美丽动人的印象……

“然后，我看见一本有关教育的书在我面前打开来……让我感到惊讶的是，里面说的大部分是儿童对性的感觉；它使我想起了你（指弗洛伊德）。”

如果不是梦的后半段提到那是“儿童对性的感觉”，我们根本不知道梦的前半段到底想表达什么——它其实就是一个人对在母亲子宫内生活的“幻想”；深坑、隧道象征母亲的生殖器，而突然填塞进来的图像，深耕、勤劳奋发等，则是在子宫内观看父母性交的“幻想”。

当然，它纯属“幻想”，是一个人在童年时代初识生殖奥秘时的奇想。

弗洛伊德的脸上不禁露出一个暧昧的笑容。

“他也许是受了我理论的影响而做了这样一个梦吧！所以在梦的最后才会想起了我。”

荒谬吗？令人恶心吗？

“不！”弗洛伊德在心里呐喊。他只是诚实地指出人们在心性发展过程中的一些残迹而已，绝没有要诱导人耽溺其中的意思。相反，回到过去，是为了告别它；了解自己的潜意识欲望，是为了用理智去疏导它。

有些病人说他们梦见一个地方，心里觉得“我以前到过这个地方”，神秘主义者认为那是当事者“前世”去过的地方；但弗洛伊德另有想法，他认为那个地方应该是“母亲生殖器”的象征，因为“再也没有别的地方让人有如此奇异的确定感”。很多人认为他这种说法“匪夷所思”“荒谬绝伦”，但它会比什么“前世”更加“荒谬”吗？

档案 05

匿名信风波

“他说你接到一封匿名信……”

“是呀，一封匿名信。”妇人说，“大约一年前，我忽然接到一封匿名信，信上说我丈夫和工厂里的一个女职员有婚外情——我丈夫是一家工厂的老板，我看了非常生气，立刻叫人到工厂要我丈夫马上回家。当时，我有点失去理智，将信丢在他面前，愤怒地责备他为什么对我不忠。”

有一天，一个年轻的军官来找弗洛伊德。

“我的岳母有些问题，能否请您移驾寒舍，替她看个病？”

“你岳母病得很重吗？”弗洛伊德问。

“也不是。”军官不好意思地说，“虽然她认为自己没什么病，但却因为她的一个荒谬想法，而使她自己和家属的生活都陷入痛苦之中。”

军官大致说明了一下情况，弗洛伊德深感兴趣，遂答应了。于是在约定的时间，弗洛伊德来到军官的岳母家。

“是你女婿要我来看看你的。”弗洛伊德跟她打招呼。

“我就说没什么，不必麻烦人家，但我女婿总是不放心。”

弗洛伊德发现她是一个五十出头的妇人，容貌和体态都保养得很好，看起来性情友善而单纯，在谈起她的女婿时，似乎很满意的样子。

“我女婿怎么跟你说的？”妇人有点好奇地问。

“他说你接到一封匿名信……”

“是呀，一封匿名信。”妇人说，“大约一年前，我忽然接到一封匿名信，信上说我丈夫和工厂里的一个女职员有婚外情——我丈夫是一家工厂的老板，我看了非常生气，立刻叫人到工厂要我丈夫马上回家。当时，我有点失去理智，将信丢在他面前，愤怒地责备他为什么对我不忠。”

“你丈夫怎么说？”弗洛伊德问。

“他看了大笑，说那封信一定是不怀好意的人捏造的，根本不足采信。”

这种企图破坏夫妻感情的匿名信，的确时有所闻。

“你知道匿名信是谁写的吗？”

“我知道，是当时我家里请的一个女佣。”

妇人说，在这件事发生前，她和那位女佣虽是主仆关系，但感情很好，两人经常亲密地谈论各种话题。

有一天，女佣以充满敌意的口吻谈起她以前的一位女同学，对方的出身虽然不比她好，但现在却过着比她体面的生活。那位同学不像她到有钱人家里帮佣，而是在毕业后去接受商业训练，然后进入工厂工作——刚好就是妇人丈夫所开的工厂。

战争期间，因为很多男职员服兵役去了，人手短缺，她被升到一个不错的职位，现在就住在工厂里，和男士们有活跃的社交关系，而且被称为“女士”。这位女佣因为自己生活得不如意，就一再在女主人的面前说那位同学的各种坏话。

有一天，妇人向女佣提起一位到她家来的男士，大家都知道他并没有和妻子住在一起，而是和另一个女人同居。她不晓得这种畸恋是怎么发生的，但却突然忧心地对女佣说：“如果我知道我亲爱的丈夫也有外遇的话，那就太可怕了！”

结果，第二天她就收到了那封匿名信，而信上说她丈夫的外遇对象刚好就是女佣所痛恨的那位昔日同学。

“事情哪有那么巧？”妇人说，“我一看完信，就知道那一定是女佣恶意捏造的。”

这就奇怪了。既然明知是女佣在挑拨离间，恶意中伤昔日的同学，为什么她还会“抓狂”地立刻将丈夫叫回来，痛加责备？

“你跟你丈夫的感情如何？”弗洛伊德问。

“我们非常恩爱。”

妇人说她和丈夫在三十年前因恋爱而结婚，婚后一直非常幸福，从来没有发生过任何麻烦或争吵，丈夫对她恩爱备至，远非三言两语所能形容。他们的两个孩子都已经结婚，生活也很幸福。她丈夫虽然已尽了应有的职责，但仍不愿意从工厂退休。

听她的口气，看她的神情，她和丈夫之间的确是非常恩爱的。但这也使她在接到匿名信后的激烈反应更加令人不解。

“你们后来如何处理那个匿名信事件？”弗洛伊德问。

“我丈夫在向我解释后，看我那么激动，就找我们的家庭医生来安慰我。”妇人说，“然后，他立刻将那名恶意造谣的女佣解雇。”

这是明智而正确的决定。

“那你呢？”

“虽然明知那是捏造的，但那封信的内容还盘旋在我脑海里好一阵子，不过在反复思索后，我想通了，现在已经完全不相信它了。”

妇人微笑着说，脸上露出雨过天晴的开朗。

但这跟弗洛伊德听到的似乎不太一样。她的女婿说，在家里每当有人提起那位被诬陷的女职员——她的虚构情敌的名字，特别是她丈夫，她的一张脸立刻就会拉下来，又开始责备她丈夫，显示她在内心深处还是不信任丈夫，结果搞得全家人都变得紧张而痛苦。而如果她上街或到工厂去，看到那名女职员，她就会情绪失控地重燃无名的妒火。

这显然是一种“病”，心理的毛病。

“你以前曾经怀疑或嫉妒过你丈夫和别的女人的关系吗？”弗洛伊德问。

“没有。”妇人说，“谢谢您来看我，我现在已经没有问题了。”

这等于是在下逐客令了，弗洛伊德只好告辞。

但过没几天，军官又来找弗洛伊德，说他岳母的情况并没有改善，昨天又因为有人说话不小心，而让她醋劲大发，搞得大家灰头土脸，所以请他务必再走一趟。弗洛伊德也觉得上次根本没问出什么，所以就爽快答应了。

“你女婿又叫我来看你啊！”弗洛伊德在抵达后，跟妇人打招呼。“我就跟他说我没事，但他就是这么体贴。”妇人微笑说。语气里丝毫没有责备女婿多管闲事的意思，看来她对这个女婿似乎很满意。

“体贴的男人总是让人感到温暖。”弗洛伊德说。

“我很庆幸我女儿能找到这样一个好丈夫。”

两个人聊了一下那位军官女婿后，弗洛伊德即向妇人解释他对妻子嫉妒的看法：

因为丈夫成天在外工作、应酬，不少待在家里的妻子难免会担心、怀疑丈夫是否在外面偷腥，特别是丈夫经常晚归甚至夜不归宿、对自己日渐冷淡或者和其他女人有暧昧的瓜葛时，这种担心和怀疑就会更加明显，它是可以理解的“人之常情”。

但有些妻子，她们的嫉妒完全缺乏“现实的线索”，在她所怀疑的迹象一一被厘清或推翻后，她还是“不顾现实”“不可理喻”地继续嫉妒、怀疑下去，这就是一种病态的“嫉妒妄想”了。“嫉妒妄想”跟其他妄想症一样，通常有当事者不自觉的潜意识原因。

“说来都是那封恶意的匿名信惹的祸。”妇人在替自己辩解。

“我觉得不是这样，”弗洛伊德说，“女佣会写那封匿名信，是因为你前一天跟她谈起你很怕自己的丈夫会有外遇，这表示你内心深处一直有这种忧虑。”

“我当时只是随便说说而已，聊天嘛！不必太当真。”妇人故作轻松地说。

“就是没有经过深思熟虑的话，才会泄露我们真正的心事。而且你明知那封匿名信是假的，到现在却还非常‘当真’。”弗洛伊德提醒她。

“谁说我还当真？我只是不希望大家再提起那件事而已。你看，我现在不是好好的吗？”妇人向弗洛伊德展现了一个落落大方的笑容。

“恕我冒昧问一句，你们夫妻的性生活如何？”弗洛伊德还是不死心，单刀直入地问。

“你问这个干什么？”妇人一下子变得非常不悦，她显然不愿回答这个问题，反而问道，“我女婿到底告诉你了什么？”

“请你不要误会，你女婿只是关心你，这是我在治疗病人时常问的问题。”

“我早就跟你说过，我现在好好的，不需要什么治疗。”

接下来，妇人就表现得极不合作。对弗洛伊德的问题不是说她知道的都已经说了，就是说她没有想到什么；而且一再保证那种病态的想法不会再发生了。这显然是一种“抗拒”——她害怕进一步的分析，不愿或不敢去面对真正的原因。

虽然病人不说，但弗洛伊德已经约略知道那真正的原因了。

改天，当那位军官又上门时，弗洛伊德对他说：

“我无法治疗你岳母，但关键可能在你身上。”

军官听了大吃一惊，张大眼睛问：“这话怎么说？”

“这只是我的推测。”弗洛伊德沉吟了一会儿，说，“我先问你一个问题，你觉得你岳母对你如何？”

“他对我很好啊！”军官还是一脸茫然。

“她的确是对你很好。我去看她两次，老实说，我觉得她对我有点不耐烦，但要我去看她的却是你啊！而她却丝毫没有责备你的意思，她对你可说情有独钟啊！”弗洛伊德打趣说。

军官还是不太了解这话是什么意思。

“你也知道，你岳母对你岳父的嫉妒是非理性的，明显属于‘嫉妒妄想’。这种妄想的一个原因是她自己先暗暗地喜欢上某个人，而那个人可能就是你！”

“这太离谱了！”军官勃然变色说，“难道你怀疑我和她……”

“不，绝对不是这个意思。”弗洛伊德做个请他少安毋躁的手势，说，“她只是在潜意识里喜欢你而已，甚至担心自己会爱上你，但在意识层面，她抗拒这种不合礼法的情愫，结果经过一种奇妙的外射作用，将这个心思投射到你岳父身上，变成担心你岳父会爱上别的女人，而对空穴来风的蛛丝马迹表现出莫名其妙的嫉妒。”

“这就是你认为的原因？”军官还是有点不相信。

“没错。”弗洛伊德说，“你知道有不少原始民族还保留着‘岳母和女婿必须互相回避’的古老禁忌吗？”

军官摇摇头。

弗洛伊德说，在一些原始的部落里，岳母和女婿不仅不能共处一室、同桌共食、彼此说话，甚至走在路上远远看到对方，就必须立刻避开。为什么会有这种奇怪的禁忌呢？从精神分析的观点来看，那是为了避免让岳母和女婿有进一步的性接触。

“为什么会担心这种性接触呢？”军官觉得很奇怪。

“一个女人在当了岳母后，已经上了年纪，感叹青春不再的她，在女儿的身上看到自己昔日的身影，而会仿同于女儿，在潜意识里像女儿爱恋丈夫般爱恋着女婿，如果他和自己丈夫的婚姻关系失去了光彩，或性生活不和谐，这种潜意识的爱恋就会变得更强烈。”

军官不置可否地听着。

“我问过你岳母和丈夫的性生活如何，她拒绝回答。”弗洛伊德说，“有些妇女在接近更年期时，性欲会转而变得强烈，但年纪比她大的丈夫却已经力不从心，无法满足她的需求，问题就会变得更严重。”

“你是说我应该像原始人一样，尽量回避我的岳母？”军官有点嘲讽地说。

“啊，”弗洛伊德说，“你要我替你岳母看病，我只是尽我的职责，老实地说出我对你岳母那‘嫉妒妄想’的可能原因而已。你要怎么做，那完全是你的自由。”

“一个女人在当了岳母后，已经上了年纪，感叹青春不再的她，在女儿的身上看到自己昔日的身影，而会仿同于女儿，在潜意识里像女儿爱恋丈夫般爱恋着女婿，如果他和自己丈夫的婚姻关系失去了光彩，或性生活不和谐，这种潜意识的爱恋就会变得更强烈。”

档案 06

对女佣莫名恨意的背后

“那些女人真是粗鄙无耻！”少女忽然激动地说，“我知道她们在下班后做什么勾当，她们引诱任何遇到的军人和工人，然后和他们交配！”

“这让你那么受不了吗？”

“她们摧毁了我对爱情的美好想法。爱情应该是多么罗曼蒂克，但她们却像母狗一样随便交配。”少女的语气稍微缓和了一些。

一个风韵犹存的中年妇人带着她正值青春年华的女儿来见弗洛伊德。

“是A医生介绍我们来的。”

在简短的礼貌性寒暄后，中年妇人就开始大吐苦水：

“我拿我女儿真是没办法，她老是看我们家里请的女佣不顺眼，一再辱骂她们，直到她们受不了自动辞职，或逼我将她们免职为止。”

她女儿歪斜着头，瞪着墙上的一点。

“但换了新女佣后，又旧事重演。家里事情多，实在不能没有女佣帮忙，家里被她搞得鸡犬不宁，拜托医生您看看，我女儿到底是有什么毛病？”

弗洛伊德仔细打量眼前的这位少女，看起来倒是蛮聪明的，不过却绷着一张脸。虽然是正值反抗期，对很多东西会看不顺眼，但这样一再逼退女佣似乎过火了一点。弗洛伊德明智而礼貌地请母亲先到外面等候，因为她的在场将使女儿无法畅所欲言。

弗洛伊德先试着让少女的心情放松，然后关心地问：“有些人确实会让人看不惯，你能告诉我你为什么会讨厌这些女佣吗？”

少女看了弗洛伊德一眼，又歪斜着头，露出一个犬儒式的笑。

“你一定要告诉我真正的原因，一个人不应该欺骗医生。”

“那些女人真是粗鄙无耻！”少女忽然激动地说，“我知道她们在下班后做什么勾当，她们引诱任何遇到的军人和工人，然后和他们交配！”

“这让你那么受不了吗？”

“她们摧毁了我对爱情的美好想法。爱情应该是多么罗曼蒂克，但她们却像母狗一样随便交配。”少女的语气稍微缓和了一些。

这个理由倒是让弗洛伊德有点吃惊。少女情怀总是诗，对爱情难免充满幻想，但她为什么会对家里的女佣特别在意、特别觉得难以忍受呢？多年的经验告诉他，有很多因素可能造成这种过度强烈、不合常理的恨意：也许，女佣所做的事是这位少女“潜意识里想做而又不敢做的事”；也许，少女对女佣有一种隐秘的同性恋欲望；也许，这些事件只是某个令她更难以面对、更无法忍受的事件的替罪羔羊，隐藏在这种荒谬恨意的背后，还有一个真正的恨意……

在下一次门诊时，弗洛伊德请少女躺到长沙发上，要她闭眼观察自己的内心，回想过去和女佣、野男人或性交、爱情有关的事。但也许是他太急躁了，少女回想起来的都是一些无关紧要的事。

随后，少女又来了几次，东说一句，西说一段，还是不得要领。她的意识依然顽强地防卫着，但这不正表示那是极端无法忍受的创伤吗？弗洛伊德耐心地等待，小心地引导着。

终于，有一天，躺在长沙发上的少女，断断续续地说出如下惊人的一幕：

“……我看到我母亲……和另一个男人……不是我父亲……躺在床上……做爱……两个人都赤身裸体……”

少女稚气未脱的脸孔扭曲着，回忆起这一幕似乎让她感到非常痛苦。

“我目睹了所有一切……听到野兽般的声音……粗暴而又野蛮……他们让我受不了！”

在少女逐渐恢复平静后，弗洛伊德以低沉的声音说：“让你看到这难堪的一幕真是不幸，你因此而讨厌你的母亲吗？”

“……没有。我很爱我的母亲，起先，我想我必须赶快离开那个家，去找我祖母，我觉得我无法再和母亲面对面，但我又无法离开母亲，因为她是我在这个世界上最亲爱的人。”少女低声说，显得相当无奈。

这正是让少女对女佣产生莫名恨意的原因。

“那些女佣的行为也许不太检点，但并没有严重到让你恨之入骨、非将她们赶出去不可的地步。更何况你并没有真正看到她们和野男人性交，也许那只是你的想象。”

弗洛伊德委婉地向少女解释：

“不错，有人摧毁了你对爱情的美好想法，但那个人却是你不能恨的母亲。你将过去目睹的那一幕排除在你日常的记忆之外，因为那太令人无法忍受了，不过它还是会在潜意识里作怪，结果就转而变成对女佣们的憎恨。”

少女没有答腔，沉默地听着弗洛伊德的分析。

“现在你能原谅你母亲以前的行为吗？或者至少了解她的心意？”

少女点点头。

“也许当时你母亲的生活很不快乐，她的人生正处于苦闷的阶段。当时你年纪还小，无法理解这些，但现在你长大了，应该可以体会她的心情。只要你能做到这点，你就可以坦然面对那被你压抑的不快，让它随风消散，而你也不会再对女佣有莫名其妙的恨意了。”

在经过几次的开导后，少女的情况改善了许多。

一个月后，少女的母亲亲自来拜访弗洛伊德，付清诊疗费后，说：“医生啊，我不知道您是怎么治好我女儿的，但真是由衷地感谢您，您让我们的家又恢复太平了。”

弗洛伊德连声说“不用客气”，在目送那位母亲离去时，心里想的是：“不知道她对自己过去的那段婚外情有什么看法？”

也许每个人都有不欲人知的隐私，但好像来自命运之神的嘲弄般，“最不想让他知道的人却总是会在无意中知道”，而知道的人却也有口难言，只能往自己的肚子里吞。弗洛伊德不禁想起一个非常类似的案例，那也是一个少女——

一个花样年华，原应该对人生充满梦想和期待的少女，却老是说她是个邪恶的丑八怪（其实她一点也不丑），不配活下去，而一直有轻生的念头。一向把她当宝贝看待的父亲为此烦恼不已，想不透女儿为什么会这样，因此带女儿来看弗洛伊德。

在经过深入的分析后，少女透露了一件令她痛心疾首的往事：有一次，她母亲因病住院，她无意中目睹了父亲和家里的女佣性交。她是那么崇拜她父亲，而父亲居然做出这种事来！她无法责备她的父亲，最后只好转而责备自己，认为自己是个邪恶的丑八怪，不配活下去。

虽然在弗洛伊德耐心地开导后，少女终于恢复了正常，她父亲也是百般感谢，但就像这次一样，他并没有向父母提起：“你们的女儿之所以变得这么奇怪，都是因为你们以前造的孽。”

一个人的越轨，为什么会变成另一个人的痛苦呢？弗洛伊德是不相信报应的。

也许每个人都有不欲人知的隐私，但好像来自命运之神的嘲弄般，“最不想让他知道的人却总是会在无意中知道”，而知道的人却也有口难言，只能往自己的肚子里吞。

档案 07

树上僵立的白狼

“当时，我的床就靠在窗边，窗外有一排老胡桃树，那是一个冬天的晚上，在床上睡觉的我梦见床边的窗户忽然自己打开来，我看到有几只白狼坐在窗外那棵巨大的胡桃树上，也许有六只或者七只，全身雪白，看起来比较像狐狸或者牧羊犬，因为它们有狐狸一般的大尾巴，耳朵也像狗在警觉时般竖起来……在极大的恐怖中，我想我就要被这些狼生吞活剥，因而发出惊叫声，然后从梦中醒来。”

“当时，我的床就靠在窗边，窗外有一排老胡桃树，那是一个冬天的晚上，在床上睡觉的我梦见床边的窗户忽然自己打开来，我看到有几只白狼坐在窗外那棵巨大的胡桃树上，也许有六只或者七只，全身雪白，看起来比较像狐狸或者牧羊犬，因为它们有狐狸一般的大尾巴，耳朵也像狗在警觉时般竖起来……在极大的恐怖中，我想我就要被这些狼生吞活剥，因而发出惊叫声，然后从梦中醒来。

“保姆听到我的惊叫声，立刻跑到我的床边，看看到底发生了什么事。经过很长一段时间，我才让自己相信那只是一场梦，但它们是那样栩栩如生……在梦中唯一的动作是窗户忽然自行打开来，那些狼则一动不动地坐在胡桃树主干左右两边的枝干上，树枝也都纹丝不动。所有的狼都静静地、全神贯注地看着我……我想这是我的第一个焦虑梦，当时我可能只有三岁或四岁，最多不会超过五岁。从那以后，直到十一二岁，我一直害怕再在梦中看到可怕的东西。”

已经接受弗洛伊德治疗一段时间的彼得诺夫，在一次自由联想中，说出了小时候做过的一个噩梦。虽然他现在已经二十五岁，但这个被他形容为“非常恐怖”的梦境，似乎仍以不变之姿保存在他的潜意识里，而使他在二十几年后的今天，仍能毫无困难地将那一幕画出来。弗洛伊德发现，画的内容跟病人的描述差不多。

这个梦是什么意思呢？它们到底隐藏了什么样的心理秘密呢？要了解这些，我们就必须从彼得诺夫为什么来找弗洛伊德谈起。

彼得诺夫是俄国一个大地主的儿子，因为情绪极不稳定而在柏林、慕尼黑等地接受多位精神科医生的治疗，他被诊断为“躁郁症”，在急性忧郁发作时期（通常是在午后），他什么都不想做，而必须由仆人替他穿衣、喂食；他的忧郁症状，通常是在午后才出现。另外，他也有严重的便秘症状，几乎无法自行排便，而必须每个礼拜由男护士替他灌肠两次。

在众多医生都觉得“难以治疗”后，彼得诺夫来拜访弗洛伊德，说希望接受精神分析。

“我的毛病都是由十八岁时感染了淋病所造成的。”彼得诺夫说。

弗洛伊德认为事情绝非这么简单，否则也不会让群医束手无策。

“你的问题应该是心理因素造成的，很可能是来自童年时代的心理冲突，它们郁积在心中没有化解，但却像一只看不见的手，形塑了你今日的模样。要治疗你的病，就必须回到过去，回到童年时代，找出问题的症结。”

彼得诺夫合作地依弗洛伊德的指示，躺到长沙发上，但却什么也不说，而且面无表情。为了减少他的抗拒，并引起他的兴趣，弗洛伊德向他介绍精神分析的理论：诸如潜意识、梦的解析、心性发展、伊底帕斯情结等，彼得诺夫露出倾听、了解的神情，但还是很少说话。

在经过无数次这种单方面的解说后，也许是弗洛伊德获得了他的信任，或者他担心弗洛伊德也将像其他医生一般弃他而去，彼得诺夫才一点一滴地提起他的过去：

他说他小时候和父母、一个大他两岁的姊姊和一群用人住在一个很大的农庄里。父母非常恩爱，而他也过着快乐的生活。但后来因为一连串事件的发生，而使他无忧无虑的童年蒙上了阴影。

“譬如什么事？”弗洛伊德问。

“我母亲因为腹部疾病而经常卧病在床，她不再像以前有那么多时间陪我玩。”躺在长沙发上的彼得诺夫说，“还有，我父亲本来也很疼我，但后来却只喜欢我姊姊，而开始讨厌我。”

“他为什么会变得讨厌你？你想是什么原因？”

“他说我是个坏小孩，有时候会骂我、打我。”

“当时你怎么个坏法？自己应该还记得吧？”弗洛伊德问。

“我本来很安静、温驯，甚至可以说柔弱吧，以前家里的人都说我比较像女孩子，反而是我姊姊比较像男孩子。但在我大概四岁半的时候，父母外出度假一段时间回来，就说我完全变了样……变得脾气暴躁、邪恶、残酷，等等，他们开始讨厌我。”

“他们的指控是真的吗？”

彼得诺夫没有回答这问题，等于是默认了。“这都是那个英国女管家害的！”躺在长沙发上的他像个四岁半的小男孩般怒声说。

他说他一向由一个名叫娜雅的保姆照顾，娜雅是个很温柔、善良的农家妇女，对他照顾得无微不至，而他也很喜欢娜雅，不下于自己的亲生母亲。但在父母出国度假时，父母请了一个英国女管家来帮忙，那个女管家看不起娜雅，经常欺负她，骂她“没知识”“巫婆”“粗俗”，等等；女管家对他们姊弟也很不好，他说他当时好像生活在“水深火热”之中。

对女管家的怒火无处发泄，可能会借“使性子”来表达不满，但照理说在父母度假回来，应该就可以获得解脱，怎么还会继续存在，而且似乎整个人都变了呢？

弗洛伊德觉得事情绝非这么简单，里面一定另有隐情，可能他和他所挚爱的娜雅、还有像男孩子的姊姊间发生了什么事。

“在这段时间，你是否也对娜雅发脾气，在她面前做出邪恶和残酷的事？”

“我们的关系变得不再像以前那样亲密。”彼得诺夫说。

“为什么？发生了什么事？”弗洛伊德问。

“有一次，我在她面前手淫，用手玩我的阳具。”

儿童在成人面前公然手淫，并非什么让人大惊小怪的事。比较值得注意的是小小的彼得诺夫是在他所挚爱的、像母亲一般的娜雅面前手淫，那意思好像在说：“你看我在做什么？请让我对你的肉体施予柔情吧！”

“当时娜雅有什么反应？”弗洛伊德好奇地问。

“她说这样做是不对的，男孩子手淫就会失去他的小鸡鸡，最后只留下一个伤口。”

这是容易让人产生“去势焦虑”的威胁啊！

“结果呢？你还是偷偷地手淫？”

“没有，她的话让我吓一跳，但此后我就不再手淫，不管是在她面前还是背后。”彼得诺夫说。

“有一点我很好奇，你为什么会想在娜雅面前手淫？”弗洛伊德还是觉得他可能有未解决的“伊底帕斯情结”。

“因为……”彼得诺夫说，“因为我姊姊说娜雅经常为家里的园丁手淫。”

所以他可能是希望娜雅也能替他手淫，“对他的肉体施予柔情”。但姊姊的说法倒是有点出乎弗洛伊德的意料。

“说说你和你姊姊的关系。”

“小时候我很胆小，我姊姊经常欺负我……”

彼得诺夫说他记得他姊姊经常拿一本画册里的一张图吓他。那张图画的是一只大野狼，两只前脚凌空站立，正抬起一只后脚大步前行，张牙舞爪，像是在追赶什么东西。也不知道为什么，他看到这张图就会吓得惊叫，连忙跑开。而他姊姊则不时故意在他面前摇晃那张图，吓他取乐。

他说他不只怕狼，也怕马、蜜蜂、蝴蝶等各种生物，是个非常胆小的男孩子。

但他还是没说到重点。“你姊姊为什么会跟你提起娜雅和园丁的事？”弗洛伊德提醒他。

“我姊姊她……教导我，或者说引诱我去认识性方面的事。”彼得诺夫说。

他说当他还很小时，有一次他和姊姊在盥洗室里，姊姊对他说：“让我们脱下裤子，看看下面……”当时他照做了，但觉得很迷惑。

又有一次，父亲外出，母亲在另一个房间里忙着，他姊姊忽然脱下他的裤子，将他的小阳具握在手里，而且不停抚玩，他觉得很刺激。后来姊姊经常这样玩弄他，但他都只扮演被动的角色，姊姊并不给他玩。

有一天，姊姊告诉他："娜雅也对很多男人做这种事，我就看过她对园丁这样做。"

也许，他后来在娜雅面前公然手淫也有"报复"的意思吧？他心目中的"好女人"居然也和很多男人做这种事！彼得诺夫在父母度假回来后性情大变，难道是这种"报复"心理使然吗？

"你父亲说你变得邪恶、残酷，你是做了什么事，而让他这样认为？"弗洛伊德问。

"现在想起来的确有点不可思议，我本来很怕各种生物，但从那时候起，我却开始虐待它们，将苍蝇的翅膀撕下来、用脚把蜜蜂踩得稀烂、把抓来的蝴蝶撕成碎片，对像马一样较大的动物，则是在幻想中踢它们、鞭打它们……"

这是明显的虐待倾向啊！

"包括折磨你所爱的娜雅？"弗洛伊德问。

"是的，我经常故意说些难听的话折磨她，直到她流下眼泪为止。"

"你父亲为此而骂你、打你时，你有什么感觉？"弗洛伊德问。

"我觉得没有人爱我，我自暴自弃，父亲打我时，我有一种自甘堕落的快感，甚至故意做些让他生气的事，好让他打我。"彼得诺夫有点凄然地说。

除了虐待外，他还有明显的被虐倾向。弗洛伊德已经知道他"心性大变"的原因了。

"你这些让人皱眉的行为，表面上也许是来自对英国女管家、父母的不满，还有对娜雅的报复，他们让你对一切看不顺眼。但从心性发展的历程来看，却是你在'性蕾性欲期'受挫，而又退回'肛门性欲期'的一种表现。"

在弗洛伊德的教导下，彼得诺夫虽然对精神分析已略有所知，但一时还是无法理解。

弗洛伊德解释说，一个进入“性蕾性欲期”的四五岁男孩子，会经由“幼儿手淫”来满足他的快感需求，但当他在娜雅面前手淫时，却被威吓、制止，而他表面上也很听话，不再手淫了，但快感的需求必须有个出路，结果就退回较早期的“肛门性欲期”，但不是借已经体验过的肛门黏膜刺激来获得满足，而是经由和“肛门性格”密切相关的“虐待——被虐待”来发泄。

虽然彼得诺夫说，他在八岁以后，这种“虐待——被虐待”的行为特征就慢慢消失了，但显然还是对他造成深远的影响，譬如他现在非常严重的便秘症，正是“肛门性格”者常有的症状，而大便解不出来，必须施予灌肠术，更明显具有“虐待——被虐待”色彩。

有一天，躺在长沙发上自由联想的彼得诺夫，忽然想起他在四五岁时所做的一个栩栩如生而可怕的梦，也就是我们在一开始即提到的那个梦。

六七只翘着大尾巴、竖起耳朵的白狼站在树上，一动不动地凝视着他……其实这更像是一个静止的画面，但却那么逼真，那么怪异，彷佛是来自彼得诺夫内心深处某个无法被遗忘的永恒的图像。

弗洛伊德对这个梦很有兴趣。好像看图说故事般，他要彼得诺夫说出这个梦境让他想到的一切。彼得诺夫从梦境中的“主角”——狼开始想起，他想起了“小红帽”的童话故事，还说小时候姊姊拿画册里的大野狼吓他，那个画册画的就是“小红帽”的故事；他也想起“大野狼和七只小山羊”的童话故事，还有小时候祖父告诉他的“裁缝和野狼”的故事。

他做了很多联想，弗洛伊德也跟他进行广泛的讨论，但似乎都没有切中“题旨”——这些狼为什么是白的？为什么僵立在树上？为什么目不转睛地瞪着他？而他为什么又感到如此恐怖？

在经过一再回想后，彼得诺夫逐渐认为“梦中的那个画面，一定跟我以前经历的某个事件有关”，而这个“事件”显然是在潜意识的极度“扭曲”和

“改装”之后，才会变成那个怪异的梦境的。但为什么需要这种“扭曲”和“改装”？

弗洛伊德说：“那一定是对你产生极大心理冲击的事件。”

有一天，躺在长沙发上的彼得诺夫忽然说：“在梦中，我‘床边的窗户忽然自己打开来，然后看到……’这不太可能。它真正的意思应该是……应该是‘我在睡觉时，眼睛忽然张开来，然后看到……’”

弗洛伊德觉得似乎已经逼近了揭开谜底的边缘，彼得诺夫“内心的门窗”就要开启。

“想想看，当你还很小时，有一次从睡梦中醒过来，然后看到了什么？”

一幕栩栩如生的景象终于再度浮现在彼得诺夫的眼前……

那是他大约一岁半的时候，因为感染了疟疾，他的婴儿床就放在父母的卧室里。在一个闷热的夏日午后，他躺在婴儿床上，被一种奇怪的声音吵醒，他张开眼睛……看到他父母正在他们的床上进行狂热的性交，他父亲从他母亲的后面插入……他们耽溺其中，一共进行了三次。小小的彼得诺夫对父亲勃起的阳具、母亲的私处、还有他们的动作都看得一清二楚。

这是弗洛伊德所说的“原景经验”——幼儿或儿童目睹了父母性交的场景（通常是在无意间），很多父母也许会认为小孩子“不懂事”而不太在意，殊不知它对小孩的心理会造成极大的冲击。因为“不懂事”的小孩不知道“到底发生了什么事”，父母跟他平日所熟悉的模样完全不同，那些狂暴的动作、扭曲的脸孔、奇怪的叫声、恐怖的带毛的性器……无一不震撼、撕扯着他小小的心灵。

彼得诺夫在回忆起这些时，脸上又现出痛苦惊恐的表情。但这跟他四五岁时所做的“白狼之梦”有什么关系呢？

又花了很多时间回想，彼得诺夫终于又想起：那个夏日午后，在床上激烈性交的父母是穿着“白色的衣物”，这也许可以说明梦中的狼为什么是“白色”

的。但其他特征却似乎完全不搭……最后，还是弗洛伊德解开了这个谜。他告诉彼得诺夫：

“因为这个原景经验对你的冲击太大了，是你的意识完全无法接受的，所以经由防卫机转，它以一种‘近乎完全相反的方式’来呈现：在原景经验里，是你一瞬不瞬地看着父母的举动；在梦中却变成那些狼目不转睛地瞪着你。

“在原景经验里，你父亲有非常猛烈、狂暴的动作；而在梦中则刚好相反，那些狼变成了僵立不动。在真实的经验里，你父亲和母亲是在床上的，但在梦中，那些狼却不是在床上，而是在树上；还有，你看到的父亲只有一个，但在梦中，狼却变成了很多只……

“我们可以说，梦中的白狼就是你在原景经验中看到的父亲的化身或改装，白狼那翘起来的、膨大的尾巴，象征着你父亲勃起的阳具。你对梦中的这个景象感到莫名的惊恐，因为那正是你更早以前目睹父母性交时情绪的再显。”

彼得诺夫在回想起这些经验时，他的忧郁似乎明显加重了。

“你有没有想过，为什么你的忧郁症总是在下午莫名其妙地出现呢？因为你是在下午的时刻目睹了那让你的心灵负荷不了的原景，它正是困扰你多年的忧郁的根源。”

因为回忆起原景经验，彼得诺夫似乎也一下子了解了自己为什么会有某种特殊的性偏好。他告诉弗洛伊德说：

“在长大后，我很少真正爱上一个女人，除非我看到她们双手和膝盖着地趴着，只有这样的姿势才能挑起我的情欲。”

“现在你知道它的来源了吗？”弗洛伊德希望他自己回答。

“是的，”彼得诺夫说，“那正是当年我在原景经验中所目睹的母亲的姿势。”

“而且，我在和女人性交时，也必须采用从后面插入的姿势。我曾经尝试别的姿势，但都觉得索然无味，后来就只采用那种姿势。”

“你是不自觉地在模仿当年父亲和母亲做爱的姿势。”弗洛伊德说。

“是的，现在我终于知道了。”彼得诺夫说，“当我十八岁时，就是因为和一个女仆采用这种姿势性交，而得了淋病的。”

淋病跟性交姿势的关系显然不大，不过由此也可以看出，被埋藏在内心深处的原景经验如何默默影响着彼得诺夫。当年父母的性交模样，不只让他惊恐，成为疾病的根源；而且也让他兴奋，成为他追求、模仿的对象。

在彼得诺夫谈起他的性经验时，弗洛伊德发现他做爱的对象绝大多数是女仆之类知识水平很低的女性。虽然当年地主阶级玩弄家中女仆或佃农女儿是常有的事，但彼得诺夫对这类的女人似乎情有独钟，对聪慧、受过教育、高雅的女性反而兴趣缺缺，这就有点怪了。

为什么他会偏好这样的性对象呢？难道是他对小时候的保姆——那个来自农家的、没知识的娜雅“难以忘情”，而一再寻找“类似娜雅的女人”吗？

弗洛伊德本来这样猜测，但在进一步追问后，却显然不是。到后来，他对娜雅的感情已经变得很淡了。那会是什么呢？这是弗洛伊德想要探查的另一个问题。在弗洛伊德的询问下，彼得诺夫回想起他在进入青春期后的第一个恋人，那也是一个农家少女，就在他们家里当女仆。

“她有和我姊姊同样的名字。”

姊姊？弗洛伊德几乎忘了那个在幼儿时代引导他做性游戏的姊姊了。

“你和你姊姊的关系后来如何？”

“虽然小时候她经常欺负我，也和我玩过一些性游戏，但那可能只是一时好奇，长大一点后，我们就都不玩那些事了。我姊姊在上学后，就表现出她的聪明才智，她的功课很好，理科的成绩很优秀，准备将来走自然科学的路，她的文章也写得很好，我父亲对她的评价很高，很喜欢她。但我和姊姊的关系还是不错，像好朋友一样。”彼得诺夫说。

看来他是不如他姊姊了，也许心里有某种自卑。

“在进入青春期后，我又产生性的渴求和骚动，想起小时候的游戏，就尝试接近她的身体，但她却很果断而且很有技巧地拒绝了我。”

“所以你就转而去找和她同名的女仆？”弗洛伊德问。

“是的，”彼得诺夫说，“后来，我也就喜欢和女仆这类的女人在一起。”

弗洛伊德终于明白他为什么会有这种性对象的偏好了。

“其实你还是深爱着你姊姊，当年也许是她挑起你对她的乱伦愿望的，但长大后，当她理智地放弃这种不被允许的愿望后，你却还无法忘情，结果就以变相的方式来满足它。”

弗洛伊德解释说，和姊姊同名的女仆显然是姊姊的替代品，这个女仆除了满足他的肉欲外，还提供他另一种满足，因为女仆的聪明才智远不如他，被姊姊的聪明才智压制得喘不过气来的他，在女仆面前重拾了他的自尊和自在，说不定还有向姊姊报复的快感。他对女仆的情有独钟，是在宣泄他对姊姊的爱与恨。

“你姊姊现在的情形如何？”

“她在几年前单独外出旅行时，在异乡服毒自杀了。”彼得诺夫说。

（自杀的原因跟彼得诺夫无关，这里就不说了。）

“你对姊姊的死有什么反应？”弗洛伊德问。

“很奇怪，当噩耗传来时，我没有一点悲伤的感觉，反而觉得自己是家里唯一的财产继承人了。”彼得诺夫说。

弗洛伊德觉得有点奇怪，难道他的推理错误，彼得诺夫对姊姊事实上已经没有什么感情了？

在一再地询问和回想后，彼得诺夫终于又想起一件事：在他姊姊死后几个月，他到某个地方旅行，这个地方离他姊姊自杀身亡之处不远。不过他到那个地方旅行的主要目的是想去看当时他所景仰的一位诗人的坟墓。

“站在诗人的坟前，我不禁悲从中来，热泪盈眶。”彼得诺夫说。

“即使再崇拜某个人，但他已死了几百年了，很少人会有这么激烈的反应啊！”弗洛伊德说。

“当时我也觉得奇怪，我好像反应过度。”

弗洛伊德请彼得诺夫再对那个坟墓里的诗人进行联想。

“我想起来了，我姊姊也写诗，有一次，我父亲赞美她的诗作，说她可以媲美那位逝去的诗人。”彼得诺夫说。

“这就对了，”弗洛伊德说，“你的悲从中来、热泪盈眶其实是在哀悼你姊姊的死。你压抑失去姊姊的悲痛，就像你压抑对她的乱伦愿望。”

彼得诺夫接受弗洛伊德的治疗达数年之久，最后，他不只克服了他的忧郁和对狼的恐惧，而且仿佛又重新过了一次那“逝去的人生”，以崭新的面貌再度回到社会上。

档案 08

维也纳的疯狂买鞋女

“迷恋鞋子？”女子轻轻摇头，说，“不错，我是买了很多鞋子，但其实我是想善待我的脚。”说着，不禁低下头去看自己套在鞋子里的脚。

“这么说，鞋子只是你的脚的装饰品啰？”

“是呀！”女子说，“我觉得身上最可爱的地方就是我的脚了。”

“医生，您一定要替我想想办法，我快破产了！”

一个微胖、三十开外的男子，在进门后就近乎哀求地说。

弗洛伊德一头雾水，他只能替人解决心理方面的问题，至于经济问题嘛，找到他头上来，即使他有心，也是爱莫能助。

“我太太花钱花得很凶，而且都花在毫无意义的东西上头。”男子抱怨说。

听那口气，不只是心痛，而且还有点愤恨。弗洛伊德用笔轻敲桌面，让这位自觉不幸的丈夫继续发泄。

“她一再买鞋子，几乎光顾过维也纳市内的所有鞋店，有时候一天要买上十几双，她买鞋子已经成为家里最大的开销，亲友邻居都知道她是个买鞋狂，但她却冥顽不灵，一买再买，简直是莫名其妙！”

“有很多女人都是以疯狂购物来发泄她们对生活或者丈夫的不满。”弗洛伊德提醒他。

“不满？”男子想了一下，用力摇头，“哪有什么让她不满的？您知道她现在有多少鞋子吗？有好几百双！各种款式、各种颜色的都有，每天花很多时间去买鞋子、整理鞋子，而疏忽了对孩子和家庭的照顾。”

“她什么时候开始有这种癖好的？”

“在和我结婚前就有这个癖好，只是我没想到会这么严重。我太太是不是有病？”

微胖的男子到这时候才说出他的问题。

鞋子，鞋子，疯狂买鞋子！是对鞋子有异样的迷恋吗？弗洛伊德看过一些“恋鞋症”的病人，但都是男人，他们在做爱时，要妻子穿上鞋子，甚至热情地去吻鞋子，好像鞋子是女性的另一个性器。但迷恋鞋子的却是这个不幸丈夫的妻子，她要那么多鞋子干吗？

“那就请你太太来看我吧！”弗洛伊德说。

几天后，一个风姿绰约的年轻女性来到诊疗室，弗洛伊德注意到她穿着一双粉红色的半高跟鞋，款式非常高雅，正是那位快要让她丈夫破产的买鞋狂女子。

“我丈夫大概对您发了很多牢骚吧？”女子有点不好意思地问。

“他说你好像很迷恋鞋子呀！”弗洛伊德尽量让气氛显得轻松一点。

“迷恋鞋子？”女子轻轻摇头，说，“不错，我是买了很多鞋子，但其实我是想善待我的脚。”说着，不禁低下头去看自己套在鞋子里的脚。

“这么说，鞋子只是你的脚的装饰品啰？”

“是呀！”女子说，“我觉得身上最可爱的地方就是我的脚了。”

看起来这名女子不是恋鞋狂，而是个恋脚狂了。

果然没错。进一步询问后，女子说她每天都要花上好几个小时用乳霜按摩她的两只脚，将脚趾甲修整得完美无缺，买鞋子只是她宝贝她的双脚行为中的一环。

“按摩你的双脚，会让你感到特别兴奋吗？我是指性方面的。”

弗洛伊德之所以这样问，是因为很多恋足症患者，让他们迷恋的其实是跟脚有关的性经验。譬如有一位男士，迷恋女人的脚和小腿，特别是如果女人能用脚踩在他身上，他就感到无比的兴奋和满足。在仔细询问后，才知道他在少年时代到一年长友人家中，躺在地毯上，友人双十年华的女儿挑逗他，故意在他面前撩起裙子，伸出一条腿在壁炉的火上烤。他激动地忍不住抱住对方的脚，按在自己的性器上，对方则将全身重量都放在那只脚上，重重地踩住他的下体，而使他兴奋得射出精来。以后，他就一直追求类似的快感，而成为一个恋足症者。

但对这个问题，女子想一想，却说：“好像没有特别的关系。”

弗洛伊德显然是失望了，但也激起了他的雄心，他面对的是一个新的挑战。

“你从什么时候开始宝贝你的脚？”弗洛伊德认为，她的“恋足”虽然跟其他患者不一样，但其根源应该也是来自过去。

“应该是很早吧！似乎从小就觉得自己的脚很重要，要好好照顾它们。”女子说。

只有挖掘病人的过去，才能解开谜团。于是在接下来的几次面谈中，弗洛伊德让女子躺在长沙发上，回忆她的过去，越来越深入……

终于，她回到她最早的记忆里，想起当她还很小时，妈妈生了一个弟弟。

“弟弟有一根小鸡鸡，而我却没有……”女子像一个三岁小女孩般呢喃，“我检查自己的下面，发现只有小小的一粒东西（阴蒂）。”

每个人在孩提时代就开始了他的性探索，而发现男生和女生“下面”不一样是最早的性发现，它对小小的心灵产生了意想不到的冲击。

“我满心期待，以为那小小的东西能长成像男孩子一样的阳具。但经过了很多年的时间，我才了解我的阴蒂是永远无法变成阳具的。”女子说。

“你觉得很委屈，心里很不平衡？”弗洛伊德轻声问说。

“我有一种幻灭感，后来，我想起来了，有一天，我的眼睛往下看，看到自己的脚，觉得它们比男孩子的阳具大许多，于是，我开始爱上自己的脚，对它们百般疼惜。”

这就是她恋足症的根源。她以自己的脚来代替她所羡慕的阳具！

弗洛伊德的脑中立刻浮现“阳具钦羡”这个字眼，这是他为了解释男女心性发展过程的差异而创造的一个名词（相对于女孩子的渴望拥有阳具，男孩子则有害怕失去阳具的“去势焦虑”）。女孩子的“阳具钦羡”和随之而来的幻灭，虽然都发生在童年时代，但却对她们的心理和人格发展造成深远的影响。

女子对“阳具钦羡”这样的说法并没有太大的排斥，因为这正是她童年心理的写照。只是她有点不解：“难道所有具有‘阳具钦羡’心理的女人，都会像我这样变成恋足狂或买鞋狂吗？”

“哦，不。每个人都有不同的发展和命运。”弗洛伊德解释说，“有些女性因此而变得认命、顺服；有些则变得特别容易嫉妒和羡慕他人；有些则是去寻找阳具的替代品。”

不用说，这位女子是属于后者了。

“但即使是寻找阳具的替代品，每个人所找的也不一样。高明的是在社会上和男人一争长短，普通的则是渴望拥有小孩（小孩是阳具的象征），而你的情况跟别人都不一样，是我见到的第一个特殊例子，也许我还应该感谢你呢！”

病人是医生最好的教科书。而越怪异的病人，就是越珍贵的教材。这是弗洛伊德在学生时代就耳熟能详的一句名言。

“看来我是无法在社会上和男人一争长短了！所以只能退而求其次，在自己的脚上做文章。”

女子从长沙发上起身，低头看着自己的脚，有点泄气又有点认命地说。

“看来你应该接受自己是个女人的事实，做个女人有什么不好？为什么要羡慕男人？”弗洛伊德开导她。

女子不吭声，似乎不太同意。

“虽然人类社会不断在进步，但我相信任何新的规则都抵挡不住一项事实：远在男人能够在社会上占有一个位置之前，自然已经用美丽、迷人和可爱三个条件来决定一个女人的命运，女人最幸福的角色永远是：年轻时是一个被崇拜的爱人，年长时是一个被宠爱的妻子。”弗洛伊德说。

“这是谁说的？”女子好奇地问。

“啊，是我年轻时，在追求我现在的妻子时，在写给她的情书里说的。”

也许，人世间最珍贵的就是出于至诚的爱吧！夫妻之爱，还有亲子之爱。

“你现在已经知道你那怪癖的原因，它来自童年期‘阳具钦羡’心理的固着，但那是幼稚而不切实际的，特别是你的买鞋狂已经危害到整个家庭的经济时，你应该将对脚的关爱转移到孩子和丈夫的身上。”

这是弗洛伊德的建议。他的治疗得到部分的成功，不久，这名女子说她终于停止了她那疯狂的到处买鞋子的怪癖，但每天还是花不少时间去按摩和宝贝她的脚。

也许，那是对“阳具钦羡”的一种怀旧吧！

档案 09

责怪丈夫的花心少妇

“我觉得她有点变态，她坚持要我替她手淫，要我躺在她下面用嘴……要我从她的肛门插入。”丈夫低垂着眼帘说。

“她越来越无所顾忌，甚至在仆人面前也完全不顾羞耻，说脏话、做出淫猥的动作，要我和她亲热。唉，最后竟在我面前手淫……”

“听你的家庭医生说，你们夫妻之间好像有很多问题……”弗洛伊德向坐在他对面的年轻少妇说。这是他今天的最后一个病人。

少妇的妆化得很浓，还洒了香水。她瞄了弗洛伊德一眼，说：“是有些问题，但这一切都要从我丈夫说起。他偷腥，跟家里请的保姆私通。”

弗洛伊德扬了扬眉毛。这跟他听到的有很大的出入。根据家庭医生的说法，这位少妇的丈夫并没有和保姆私通的迹象，倒是她本身有红杏出墙的嫌疑。但他决定先听听她的说法。

少妇说，她和丈夫结婚六年多，生了三个小孩。在第三次怀孕期间，她丈夫开始背着她和小孩的保姆私通。

“容我打岔一下，在你怀孕时，你们夫妻没有性生活吗？”

“有啊！”少妇又瞄了弗洛伊德一眼，说，“但男人总是花心萝卜，有了一个又想一个，多多益善。”

“花心萝卜”？这个形容有点邪门。

“你有什么证据说丈夫和保姆私通？他们被你捉奸在床吗？”弗洛伊德问。

“证据？”少妇说，“我丈夫长得很英俊，他能吸引所有的女人；我们家里的保姆也长得很漂亮，我丈夫一定会喜欢上她，这就是证据。”

弗洛伊德苦笑。这哪算证据？据他的了解，在她认定丈夫和保姆有染后，妒火中烧的她就开始对保姆指桑骂槐，最后逼得保姆辞职。在她生下小孩后，夫妻关系依然显得很紧张，家庭医生建议他们暂时分开一段时间。

在丈夫离开后，妇人开始写情书给她以前认识的年轻男子，主动邀请他们秘密幽会；而且公然在街上勾搭陌生男人。有一次还被父母撞见，受到责骂。

“你为什么这样做？”弗洛伊德问。

“既然我丈夫对我不忠诚，我也有权利对他不忠诚。”妇人理直气壮地说。

倒是很好的理由。只是前提有点问题。

“你去找其他男人，是纯粹想报复丈夫，还是觉得自己也有那个需要？”

“你说呢？”想不到少妇居然这样反问弗洛伊德。

“我需要时间来了解。”弗洛伊德愣了一下，说。

在下一次面谈时，弗洛伊德问了少妇一个问题：“除了认为你丈夫和保姆有染外，你对丈夫还有什么不满吗？”

少妇说：“其实我丈夫是我挑选的，当初我父母并不赞成我和他结婚。”

她说她出身于富有的上流社会家庭，但却不喜欢那个圈子里的人，她觉得他们有的只是华丽而虚矫的空壳，反而是中下阶层那强韧的生命力给她扎实的感觉，她很早就下定决心将来要和贫穷的男人结婚。后来，她喜欢上一个英俊而没有什么家产的男人，不顾父母的阻挠，和他结婚。这个男人就是她现在的丈夫。

“照这样说，那你应该很满意才对？”弗洛伊德问。

“开始时，丈夫对我热情如火，但久了就对我冷淡了起来。”少妇说。

“也就是你所说的偷腥？”

“不只那个保姆，谁知道他有几个女人？他把精力都用在别的女人身上。”

“你们的性生活如何？”弗洛伊德问。

“他把精力都用在别的女人身上，你说还会好吗？”

少妇又瞄了弗洛伊德一眼，弗洛伊德觉得那种眼光越来越奇怪。

他决定请她丈夫来谈谈。丈夫果然是个英俊的男人，但脸上却写着“无奈”两个字。

在略事寒暄后，他即向弗洛伊德保证，他绝对没有和家里的保姆私通，也没有在外面拈花惹草。“我岳父母本来不太喜欢我，但现在他们也站在我这边，知道我不是那种人。”

“说说你太太。”弗洛伊德交叉双手，以善意的了解眼光看着被误解的丈夫。

“要怎么说呢？”丈夫说，“我觉得她越来越……奇怪。”

“怎么个奇怪法？”

“在事情发生后，我岳父才向我透露，她从小就不太正常，但也没有说是怎么个不正常法。现在我才想起来，在我们订婚后，我的妻子就有点怪，我们走在街上时，她经常会用身体去碰迎面而来的陌生男人。当时认为这纯然是无心的，但现在却觉得里面可能另有文章，也许她……”

丈夫欲言又止。

“你是说她水性杨花，所以现在会红杏出墙？”

丈夫没答腔，但脸上却露出同意的神色。原来他也在为妻子的行为找原因。

“你们的性生活如何？”妻子说他“把精力都用在别的女人身上”，但他想听听他怎么说。

“开始头几年还算正常，”丈夫说，“但从她第三次怀孕的第三个月开始，她的性欲突然大增，从那时候开始，老实说，我已经……已经无法满足她的需求。”

怀孕的第三个月？这倒是一条有趣的线索。有些妇女在怀孕后几个月，因为荷尔蒙分泌的变化，阴部血流的增加，反而会有较强烈的性需求。

“那你们怎么办呢？”

“这，唉……还是不说的好。”丈夫觉得难以启齿。

“既然来了，就说出来吧！说不定是治疗你太太的关键。”弗洛伊德点上了一根雪茄。

“我觉得她有点变态，她坚持要我替她手淫，要我躺在她下面用嘴……要我从她的肛门插入。”丈夫低垂着眼帘说。

“她越来越无所顾忌，甚至在仆人面前也完全不顾羞耻，说脏话、做出淫猥的动作，要我和她亲热。唉，最后竟在我面前手淫……”

真是情何以堪？弗洛伊德露出同情的了解神色，鼓励他继续说下去。

“她几乎不分昼夜，兴致来了，就要我跟她性交。我实在是力不从心，最后，她竟然说，竟然说……我不能满足她，她要去找别的男人。”

“所以你对她的红杏出墙，早就心里有数了？”

丈夫点点头。然后问：“她这是一种病吗？有没有办法治疗？”

“你们性交时，你太太是否达到性高潮？”

“应该是有吧！但我也不太确定，她就是要求更多。”

“我现在只知道你太太性欲高亢，但还无法肯定她为什么会性欲高亢，它有很多原因。不过我可以肯定，你太太为什么会怀疑你有外遇。”

“为什么？”丈夫关切地问。

弗洛伊德解释说：“当她心中过度的性需求蠢蠢欲动时，她有找其他男人的冲动，她把这种想法投射到你身上，就变成你有找其他女人的欲望。而在‘确定’你有这种欲望后，她就转而将自己的行为合理化——既然他去找女人，那我也有权利找男人。”

“那……可以治疗吗？”

“在她刚有这种病态想法时，及早谋求对策，会比较乐观。现在嘛，我要再跟你太太谈谈。”

于是，少妇又出现在弗洛伊德的诊疗室。

“我一直没问你，你身体方面是否有什么不舒服？”

弗洛伊德之所以这样问，是因为有些生理方面的异常会导致性欲高亢。他年轻的时候就看过一个性欲高亢的医生太太，搞了半天，才发现她患了“多发性硬化症”。

“我的身体好得很。”少妇扭了一下身体说，似乎在炫耀。

说得也是。如果有什么异常，她的家庭医生早就应该注意到了。

“最近你和不少男人交往，你是真心在爱他们吗？”

“唉，男人都是花心萝卜，说爱太沉重了。”

“那你是在追求感官的快乐？”弗洛伊德问。

少妇露出一个暧昧的笑容，说：“追求一种梦幻的极致快感？”那好像在回答弗洛伊德的问题，又好像在问自己。

“你追求到了吗？”

这次她并没有回答，只是以谜样的眼光看着弗洛伊德。弗洛伊德觉得她应该更像个“花癫”。“花癫”是一种性变态，专门指对性有不正常而过分需求的女性。这种病通常在童年时代开始形成观念（也许就是她父亲所说的“从小就不太正常”），而在青春期如鲜花般怒放；结婚后，在精力充沛的丈夫的滋润下，也许可以暂时获得满足，但过不了几年，就会逐渐露出本性，变本加厉。她可能就是这种情形。

就弗洛伊德所知，“花癫”的患者虽然一再勾引男人苟合，但通常没有真正享受到性高潮；因为觉得“不满意”，所以一再找男人尝试，渴望“下一次会更好”。

弗洛伊德本想再进一步了解她早年的生活，但少妇却再也没有回来。

档案 10

剧院里的隐秘戏码

一个结婚十年，但还很年轻的女士，向弗洛伊德提起她昨晚所做的一个梦："我和丈夫坐在一家剧院里，发现正厅前排一边的座位完全空着。丈夫对我说，艾丽斯（我的一位熟朋友）和她的未婚夫也想要来看戏，不过只能买到不好座位的票——三张票是一弗罗林五十克鲁斯（奥币名）。丈夫说，我们当然不会要这种票。但我想，如果我们买了这种票，也不会有什么损失。"

一个结婚十年，但还很年轻的女士，向弗洛伊德提起她昨晚所做的一个梦：

“我和丈夫坐在一家剧院里，发现正厅前排一边的座位完全空着。丈夫对我说，艾丽斯（我的一位熟朋友）和她的未婚夫也想要来看戏，不过只能买到不好座位的票——三张票是一弗罗林五十克鲁斯（奥币名）。丈夫说，我们当然不会要这种票。但我想，如果我们买了这种票，也不会有什么损失。”

女士问：“您说从梦可以看出一个人的心事，但我却不知道这个梦在说什么啊？”

“梦常利用最近发生的经历来‘借题发挥’，你要先告诉我，这个梦让你想起昨天或最近发生的什么事，我才能按图索骥呀！”弗洛伊德说。

“昨天，我丈夫告诉我和我年纪差不多的艾丽斯订婚了。”女士说。

这可能就是导致她做这个梦的触媒。在梦中，已经结婚多年的她和丈夫先坐在剧院里，然后刚订婚的艾丽斯和未婚夫也要来，弗洛伊德想，这个梦的“主题”可能跟“婚姻”有关。

“前排一边的座位完全空着，这让你想到什么呢？”

“这可能和上个礼拜发生的一件事有关。”女士说，“我很想去看一出戏，所以预先买了票，但买得太早，不得不多花了些钱。但在上演当天进场后，才发现前面一边的座位几乎都是空的，即使当天再买票，也不会嫌迟，我的担忧根本没有必要。我丈夫还因此而笑我太匆忙了！”

如果剧院象征着“结婚剧场”，那么她太早买票，是否意味着“太早结婚”？而且对此感到有些后悔呢？但弗洛伊德还需要更多的线索。

“梦中的三张票价是一弗罗林五十克鲁斯，它当然不是真的票价，而应该是具有特殊含意的数字，这个数字让你想到什么呢？”

“我想起来了，”女士说，“昨天我又听到一个消息，我嫂嫂拿到我哥哥给她的一百五十弗罗林，立刻匆匆忙忙地到珠宝店去买了一件珠宝。”

一百五十弗罗林是一弗罗林五十克鲁斯的一百倍，但还是相关的数字。弗洛伊德一下子还无法理解为什么会“缩小”或“放大”一百倍，但他看出了买珠宝的“匆忙”行径，跟她的“匆忙买票”或“匆忙结婚”具有同样的特色。“匆忙”的心思是越来越明显了。

“那三张票是什么意思呢？两个人为什么要买‘三’张票呢？‘三’这个数字让你想到什么吗？”弗洛伊德问。

女士想了很久，都想不出与此有关联的东西，最后，迟疑地说：“我不知道这有没有关系？艾丽斯的年龄刚好比我小三个月，但这跟三张票好像有点……”

“有点牵强？”弗洛伊德笑说，“梦中的潜意识逻辑跟白天清醒时的意识逻辑不一样，它可以随意衔接。这个‘三’字，又再度把你和艾丽斯做了比较。”

弗洛伊德已经大概知道这个梦真正的含意了，不过他还需要再确定一个问题：

“艾丽斯的未婚夫给你什么感觉？”

“听起来应该是个不错的男人。”女士说。

果然不出所料，于是弗洛伊德好整以暇地说：

“这个梦是由艾丽斯订婚的消息、一个礼拜前你提前买票看戏、你嫂嫂急着拿一百五十弗罗林去买珠宝等事件为材料编织而成，用意是想表达你对自己婚姻的看法——

“年龄比你小三个月的艾丽斯现在终于也找到了个好男人，你触景生情，觉得自己在十年前就结婚实在是‘太匆忙’了，在梦中的‘婚姻剧场’里，还有好多‘空位’——好男人，当初你根本不必急着‘买票进场’——结婚。如果你不那么匆忙，那现在也许可以花更少的代价找到一个好男人，或者找到好上‘一百倍’的丈夫。”

弗洛伊德最后说：“我想，这就是你在这个梦中所泄露的心事。”

女士听了，暧昧地笑着，什么也没说。

档案 11

柔情与肉欲更衣室

“你在想做爱前，是否会手心冒汗，担心自己无法有正常的演出？”弗洛伊德问。

“心跳会加快，但手心不会冒汗，心里虽然很想跟对方结为一体，但器官却没有反应。”男子说，“当然……在一次失败后，下次要做前多少会有些担心，结果器官就更不听话。”

病人是一位相当斯文、穿着极为高雅的二十五岁男士，目前未婚。还没结婚的原因不是没有中意的对象，而是因为性无能，这个“隐忧”困扰他已经很久了。

“医生，您知道，就是……器官不配合，好像它有自己的意志，不听我的指挥。”

年纪轻轻就性无能，这样缺乏“男子气概”，是会被爱面子的男人视为奇耻大辱的。但性无能有很多原因，弗洛伊德先问一个鉴别诊断的问题：

“你有过‘晨间勃起’吗？早上醒来时，发现自己的阴茎坚硬勃起？”

“是有这种情形，但不是常常这样。”男士说。

既然有“晨间勃起”，那表示他的性无能并非生理性的，很可能是心理因素造成的。但心理因素也有很多种，譬如焦虑不安。

“你在想做爱前，是否会手心冒汗，担心自己无法有正常的演出？”弗洛伊德问。

“心跳会加快，但手心不会冒汗，心里虽然很想跟对方结为一体，但器官却没有反应。”男子说，“当然……在一次失败后，下次要做前多少会有些担心，结果器官就更不听话。”

“你对所有的女人都这样吗？”

“我只跟一两个女人尝试过，但都失败了。”男子有点懊恼地说。

“你没到花街柳巷找过妓女吧？”弗洛伊德问。

“妓女？”男子有点嫌恶地说，“那是低贱、没有教养的女人，让人想到野兽，我对妓女一点兴趣也没有。我只喜欢高雅、有品位的女人，要我跟没有爱意的女人做爱，我连想都没想过。”

弗洛伊德对这点倒是很有兴趣。有些男人觉得妓女反而能挑起他们的“兽欲”，在和妓女性交时，会更狂野与更肆无忌惮；当然，另有些男人则在妓女面前完全无法勃起，就像这位男士所说，因为没有爱。但他却连在自己所爱的女人面前也完全不行。

“你说的高雅、有品位的女人是什么样的女人？可以形容一下吗？”弗洛伊德问。

“除了女性特有的温婉柔媚、谈吐文雅外，我特别欣赏穿着时尚的女人，那反映她们的气质和品位。高雅的女装、有蕾丝边的衬裙、流线型的女鞋等，总是让我迷恋，有时候我觉得这些代表女性的衣饰，比她们的肉体更让我激动。”男士说。

这不是有些“恋物癖”的倾向了吗？

“你曾经收集这些女性的衣服、鞋子，用它们来当作自慰时佐兴的道具吗？”弗洛伊德问。

“没有。”男士有点不悦地说，“我也很少自慰。”

说得也是。这位男士个人的穿着也很高雅，看起来是个有高尚品位的人。对女人的品位太高，会不会影响他的“性致”呢？因为性交的动作实在不怎么“高雅”。

“你对你喜欢的女人，会经常产生性的冲动吗？”

“很少。”男士回答，“老实说，我对她们的欣赏多于占有，尊敬多于欲念。我喜欢和她们在一起，共度美好的时光，但很少有想和她们做爱的渴望。在极少数情况下情不自禁，但却……失败了。”

弗洛伊德大概了解他性无能的心理关键了。健康而令人满意的性爱，需要靠两种感情的结合——一是挚爱的“柔情”，一是激昂的“肉欲”，而这位男士的“柔情”与“肉欲”却不曾汇合在一起。但到底是什么原因使他的“肉欲”无法依附在“柔情”之上呢？这只有到他过去的生活中去找答案了。

男士在自由联想时，提到他童年时代一个很“不雅”的癖好：

“小时候，我对自己解出来的大便很好奇，经常会研究个老半天。大概是在八岁到十岁的时候吧，我收集自己解出来一小团、一小团的硬大便，在无聊的时候会有一种冲动，于是就将它们弄破，闻它们的气味……”

真是不可思议啊！如今这么高雅的人，小时候居然是个“嗜粪狂”！难道他的性欲固着在“肛欲期”吗？

“当时解大便是否让你产生特别的快感？”弗洛伊德很有兴趣地问。

“我不太清楚，不过我记得我闻它们，那种气味……”男子说，“我的嗅觉很敏锐，现在依然很敏锐。”

“你说你喜欢女性的鞋子和衣服，是否也是在迷恋它们的气味？”

有不少恋物症患者，不只收集女性的鞋子和内衣，而且必须是穿过的，因为闻起来才有令他痴狂的“异味”——但正常人可能为之作呕。事实上，“气味”在动物的性行为里扮演着非常重要的角色。

“我并不会特别去闻它们，”男子笑笑说，“当然，和女人在一起时，我可以闻到她们身上令人愉快的香水味。”

说得也是。他如今已是个具有高雅品位的男人，不太可能再迷恋骚臭味。看来童年时代特殊的癖好跟他现在的性无能没有太大的关系。

在谈到他和父母的关系时，他说他父亲早死，他和母亲相依为命，母亲将她整个的柔情都贯注在他身上。

“我母亲在穿着方面有很高雅的品位，”男子说，“我从小就很喜欢在旁边看她换穿衣服，觉得那是最温暖、最幸福的时刻……”

弗洛伊德竖起了耳朵，觉得他终于说到重点了。

“即使到今天，我长得这么大了，她依然疼爱我，在换穿衣服时，还是允许我在旁边观看……”男士喃喃说着。

弗洛伊德点上一根雪茄，深吸一口，说：“是你母亲让你性无能的。”

对这样的说法，男士似乎没有显得太惊讶，他的脸上露出一个飘忽的凄美笑意，用复杂的眼神看着弗洛伊德，希望弗洛伊德能给他一个解释。

“我们最早的恋情总是以异性双亲为对象，而所谓成熟，就是离开父母，去寻找另一个女人或男人，和她（他）结合。因为父母是不宜也不能作为我们对象的。”弗洛伊德说，“有些人对父母的依恋比较深，他们在寻找对象时，也以类似父亲或母亲的异性为首要目标，而你的情况比他们都还要来得严重。”

男士自己也点上了一根香烟。他连吸烟的姿势都非常高雅。

“你和你母亲直到现在还有很亲密的关系，但我相信，这种关系只剩下‘柔情’，而没有‘肉欲’，因为对母亲的‘肉欲’是不被社会和你的道德意识所容许的，它早就被潜抑到潜意识里去了。如今你交往和喜欢的女性，事实上是你母亲的化身——也都有高雅的穿着品位，而你对她们，也都只有‘柔情’，而少有‘肉欲’。”

要进行性行为，必须有肉欲，缺乏肉欲，难怪那儿会不听话了。

“当你说你对女性衣饰的迷恋甚于她们的肉体时，我本来以为你是在肉体挫败后，才‘退而求其次’的；但后来觉得那其实是‘对女性高估’的一种表现，女人多么高贵！连她们穿的、戴的东西都充满了魅力！你为什么会高估女性呢？答案还是来自你母亲。在你心目中，母亲是最完美的，女人。”

一个高估女人，对女人充满敬意的男人，是没有办法脱下她的裤子，唐突佳人的。

“有些男人只在某些女人——让他们尊敬的女人面前性无能，但他们会转而去寻找较低贱的女人，只要将女人降格，他们就能在她身上行使完整的性能力。而你对低贱的女人完全没有兴趣，就只有徒呼奈何了。”

男士吸完了烟，拍拍他笔挺的西装，说：“您的意思是要我离开母亲，将女人降格？”

弗洛伊德微笑说："和母亲保持一臂之遥。一个爱儿子的母亲应该了解，儿子将来的幸福是他和另一个女人的完整关系，而女人，并没有你想象的那样高贵，高贵得不可触摸。"

档案 12

虚拟的罪犯

少女于是不再压抑，坦承自己在进入青春期后，就有强烈的性欲，然后在一个年纪比她大的妇人的诱导下，每天在一起相互爱抚、自慰。这种关系持续了一段时间，直到有一晚，她和年长妇人从一场舞会回来，两人又耽溺于自慰中，而且非常激烈……

进门的是一个中年妇人和一个妙龄少女。中年妇人先说话：

“医生啊，我觉得我女儿有病，而且病得很重。”

“你认为她有什么病呢？”弗洛伊德看了少女一眼，问道。

“她一下子说她是杀人凶手，一下子说她是珠宝大盗，一下子又说她是纵火犯，而嚷着要去自首。但那些事根本不是她做的，您说这不是病是什么？”

一个少女的确不可能十八般罪行样样精通，但弗洛伊德还是忍不住问：“你确定那些事都不是她做的？”

“当然不是，”妇人相当肯定地说，“在她所说那些案件发生的时候，她明明都是待在家里，或是和朋友在一起，有很多人可以证明。犯人怎么可能是她？”

这是所谓的“不在场证明”了。但她为什么要说那些罪都是她犯下的，而抢着去自首？在侦探小说里，有些人为了“保护”真正的罪犯，而伪称自己就是凶手，但她不可能认识所有的罪犯呀！弗洛伊德觉得自己面对了比一般侦探更棘手的问题，当然，那也是截然不同的问题。

“可以让我单独和你女儿谈谈吗？”弗洛伊德说。

中年妇人忧心而不解地望了少女一眼，起身告退。

“这里不是警察局，你可以放轻松一点。我也不是刑警在办案，而是想帮助你。”弗洛伊德以类似父亲的慈蔼，对少女说，“你可以告诉我为什么你会认为自己是个杀人凶手吗？”

“看报纸的。”少女文静地说。

“报纸？”弗洛伊德有点丈二金刚摸不着头脑。

“我早上看报纸，看到有一条社会新闻说，在某个公园里发现一具被谋杀的尸体，凶手逃逸无踪，警方正在搜集线索，分析凶手是什么人……”

“你觉得你有警方所说的凶手特征？”

“也不是……”少女说，“因为不知道凶手是什么人，所以每个人都有可能是凶手。我想，说不定自己就是那个凶手，越想越紧张、越真实，心里有一种罪恶感，所以想去自首。”

“你说你是珠宝大盗和纵火犯，也都是看报纸的？”

“是的，因为警方也都没有抓到犯案的人。”少女说。

真是奇怪的“犯罪妄想”啊！但似乎又没有真正的妄想病那样严重。

“在你的家人跟你说你有不在场证明后，你还认为自己犯了那些罪吗？”

“没有，我觉得轻松了许多。”

但少女随即露出苦笑，说：“不过第二天早上翻开报纸，我又觉得社会新闻里的那些无头公案可能是我犯下的。”

报纸里每天都有犯罪新闻，所以她也每天都有犯罪的嫌疑。没有犯罪但却认为自己“每天都在犯罪”，这到底是怎么样的心理呢？

什么是一个人“每天都会犯的罪”呢？弗洛伊德突然想起不久前他看过的一个医学院学生……他知道答案了！脸上不禁露出笑容。但因面谈的时间已到，只有留待下次揭晓了。

在下一次面谈时，弗洛伊德对少女说：“你每天都觉得自己犯了罪，但你以为自己所犯的罪事实上都不是你做的，所以你犯的其实是另一种罪。像你这样正值青春年华的健康少女，每天最可能犯的是什么罪呢？”

少女闭着嘴，没有回答。

“根据我的了解，不少青少年都有手淫的习惯，而传统的观念又认为手淫是一种罪恶，很多人在手淫时，都觉得自己好像在犯罪一般。”

弗洛伊德露出严肃而善意的神色，问道：“你手淫吗？”

少女轻轻点着她低下的头。

“你的心中为此充满罪恶感？”

少女再度点点头。

“将它说出来，因为你想要忏悔，但却无法向任何人告白。积压在心底的能量无处发泄，才会以报纸上的犯罪行为为出口，认为自己每天都做了邪恶的事。”

少女于是不再压抑，坦承自己在进入青春期后，就有强烈的性欲，然后在一个年纪比她大的妇人的诱导下，每天在一起相互爱抚、自慰。这种关系持续了一段时间，直到有一晚，她和年长妇人从一场舞会回来，两人又耽溺于自慰中，而且非常激烈……

她竟因此而感到迷惑，害怕自己再这样下去会越陷越深，万一被人发现，更是无地自容。她因此而惴惴不安，开始觉得那是不道德和罪恶的事，但要戒掉手淫谈何容易啊！

是的，她想要忏悔，但却无法向任何人告白。现在终于说出来，心里觉得轻松多了！

弗洛伊德像个慈祥的神父，静静听着少女的“性告解”。虽然将手淫贴上“罪恶”标签的是教会，但教会所发明的告解——毫无保留、巨细靡遗地说出你所犯的“不可告人的、肮脏的罪”，确实也能纾解“罪人”心中的压力，这大概是所谓“解铃还须系铃人”吧！

有时候，弗洛伊德觉得自己所发明的自由联想和精神分析法，跟教会的告解有颇为类似的地方，但在基本前提上则是完全不一样的。教会认为性是肮脏的、邪恶的，要求每个人尽量压抑性欲；而他却主张性是健康的、美好的，应该适度地满足它。

“手淫本身并没有什么不对，只是如果耽溺于其中，而妨碍了正常男女关系的发展，那就有点得不偿失了。像你这样的健康女性，应该敞开胸怀，多多和中意的男性交往，找个如意郎君，享受正常的鱼水之欢，那才是正途。”

这是弗洛伊德给少女的建议。不久前，他也给了一个医学院学生同样的建议。那个医学院学生刚来看弗洛伊德时，着实让他吓了一跳。医学生坦承说他强暴了他姊姊，杀死了姊姊的小孩，而且还放火烧了她的家。弗洛伊德以为他应该去警察局自首，但为了慎重，他先侧面调查了一下，结果发现这位医学生的姊姊没有被强暴、外甥依然活蹦乱跳、他姊姊的家也好端端的。

为什么会认为自己犯下这些子虚乌有的罪行呢？在深谈之后才知道，原来这位医学生也有强迫性的手淫行为，心里充满了罪恶感，而就是这种罪恶感驱使他成为“虚拟的罪犯”的。

卫道人士说手淫是一种罪，也许是为了吓阻人们手淫，但可能适得其反，因为多数人都曾经手淫过，结果就变成了“满街都是罪犯”。弗洛伊德很同情这类自以为是罪犯的病人，他不禁为此而深深叹了一口气。

有时候，弗洛伊德觉得自己所发明的自由联想和精神分析法，跟教会的告解有颇为类似的地方，但在基本前提上则是完全不一样的。教会认为性是肮脏的、邪恶的，要求每个人尽量压抑性欲；而他却主张性是健康的、美好的，应该适度地满足它。

档案 13

怀疑被偷拍做爱照片的淑女

她说当天（那是个大白天），他们躺在沙发上拥抱和接吻，然后轻褪罗衫，正在你侬我侬时，她忽然听到某种类似敲击或“咔嗒”的声音，声音好像来自书桌的方向，书桌就摆在靠窗的位置，在书桌和窗户间有一部分被厚重的帘布遮住。

出现在弗洛伊德面前的是一个相当特殊的女“病人”，虽然来到诊疗室的总是被称为“病人”，但她却是由弗洛伊德的一个律师朋友介绍来的，律师想听听他对这位女士的看法。

这位女士虽然已经快接近三十岁，但却非常漂亮、非常女性化，看起来比实际年龄年轻许多。她在一家大公司上班，担任重要的职位。律师告诉弗洛伊德，有一天，这位女士来找他，说她被情人设计陷害，情人请人偷拍他们做爱时的照片，然后想以此为要挟，逼她让出她在公司的职位（她的情人是她在公司的一个男性下属）。

律师觉得类似的“色情圈套”虽然时有所闻，但就这个案例来说似乎不太像。因为女子交给律师的“证物”，并非春光外泄的照片，而是情人写给她的一些信件。在这些信件里，情人一再地向她解释根本没有偷拍照片这回事，还充满爱意地对她倾诉衷曲。

但女子却坚信情人言不由衷，她的确是被陷害了，要求律师采取对策。为了慎重，律师请弗洛伊德能提供给他一些参考意见。

“我们坐下来好好谈谈。”弗洛伊德客气地招呼她。

女子冷淡地坐下来，神色间毫不掩饰她对医生的不信任感，似乎是在律师的压力下，而不得不来这里应个卯，交个差的。

为了缓和气氛，弗洛伊德先从她的家庭生活聊起。

女子说她是个独生女，没有兄弟姊妹，父亲又在多年前就过世，她目前和母亲相依为命，过着平静的生活，年迈的母亲就仰赖她一个人。

“像你这样的大美人，应该有不少男人追求你吧？”弗洛伊德问。

“我从来没有谈过恋爱，也不想结婚。”女子冷淡地说，但似乎觉得和她目前的处境有点矛盾，又加上一句，“谁知道第一次谈恋爱，就被男人陷害，男人真是不可信赖。”

她似乎忘了弗洛伊德也是男人。但弗洛伊德不以为忤，问道：“那你当初为什么会对这个男人动心？”

“他在公司的职位比我低，人长得蛮英俊的，看起来也很有教养。他频频向我示爱，我是有点心动，但我告诉他，我要照顾母亲，不想结婚。以前的男人听到这句话就打退堂鼓，但他却不死心，说一个人屈服于社会陈腐的规范是毫无意义的，只要两情相悦，大可享受属于自己的人生。我被他的花言巧语迷惑了。”

“接下来，他就设计让你落入圈套？”

“是的，”女子说，“他约我到他的住处幽会，我怕受到伤害，他保证绝对不会将我们的秘密恋情曝光，我才答应。谁知道……”

让弗洛伊德感到有点惊讶的是，女子对和情人在房间里发生的韵事侃侃而谈，没有一般女性在陌生人面前提起爱情隐私时所表现出来的任何害羞或羞耻。

她说当天（那是个大白天），他们躺在沙发上拥抱和接吻，然后轻褪罗衫，正在你侬我侬时，她忽然听到某种类似敲击或“咔嗒”的声音，声音好像来自书桌的方向，书桌就摆在靠窗的位置，在书桌和窗户间有一部分被厚重的帘布遮住。

她吃惊地问情人那是什么声音，情人告诉她那可能是摆在书桌上的一个小时钟所发出的声音。然后，两人继续他们爱的进行式。

“所以你就怀疑被偷拍了照片？”弗洛伊德问。

“那只是第一个线索，”女子说，“后来，我离开他的房间时，在楼梯间碰到两个男人，他们看到我，就彼此窃窃私语，不知在说些什么。其中一个男人带着一个用布包起来，看起来像是箱子一类的东西。”

她说在回家的路上，她仔细推敲，终于理出一个头绪：那个小箱子很可能是一台照相机，那个男人则是一个摄影师，他躲在帘布后面偷拍。而她听到的“咔嗒”声是按下快门的声音，他拍摄了她在床上最见不得人的姿态。

“这只是你的推想，你有没有向你的情人查证？”弗洛伊德问。

“当然有！我责问他为什么要偷拍照片？是不是想要挟我？我要他提出解释，交出照片。”女子愤怒地说，“他当然是一概否认，说我多心，想继续用花言巧语蒙骗我！”

听起来是有点“被害妄想”的嫌疑。但所谓“事未易察，理未易明”，弗洛伊德一时也无法妄下断语。如果那真的是“妄想”，更重要的似乎是找出出现这种妄想的原因。因为时间的关系，弗洛伊德只能期待下一次面谈，看能不能揭开谜底了。

“什么？我还要再来？再说几遍也是一样！”女子在离去时，又露出了不耐烦的神色。

但在律师的影响下，改天，她还是来了。

“你们第一次幽会，情人就设计陷害你？”这是弗洛伊德想要厘清的第一个疑点。

“那是第二次幽会。”女子说。

这就有点怪了。弗洛伊德问：“那第一次幽会呢？是在同一个房间吗？发生过什么不愉快的事吗？”

女子想了一下，说：“是在同一个房间。”但并没有发生任何让她感到不自在的事，那次幽会甚至可以说是美好的。上次她完全没有提起，也许是因为她认为和后来被偷拍照片的那次相较，它显得无关宏旨；但也许是那次幽会有什么特殊的关键被她压抑或省略了。

“在第一次幽会和第二次幽会之间，一定发生了什么事，你仔细想想看。”

女子想起了一件事，那是在他们第一次幽会后的隔天——

她的情人到她服务的部门和她的上司讨论事情，她的上司是一位年老的女士。“她有跟我母亲一样的白头发，”她忽然亲切地谈起她的这位女上司，“她精明能干，是我崇拜的对象。她一直对我很好，百般关爱，虽然偶尔也会嘲弄我，善意的、像自家人一般的。我一直认为她对我有一种特殊的情分。但那一天……”

她说她看到她的情人和女上司低声交谈，两人的表情都有点暧昧。

“我忽然觉得他是在告诉上司，昨天和我在床上所做的种种！他们之间一定有不可告人的奸情——否则怎么可能亲密地谈论‘那种事’？”

她敬爱的上司居然和她的情人也有一腿！这是她以前从没有想过和注意到的。她为此而心如刀割，同时惴惴不安。

弗洛伊德点上一根雪茄，心里有了个眉目。这比听到“咔嗒”声和看到男人背的“黑箱”而怀疑被偷拍照片，是更接近妄想了。

“如今，上司已经知道了一切，我变得很难做人。”女子说。

“你怎么知道上司已经知道了一切？”

“因为她随后的言行举止都不一样了，证实我的怀疑是对的。”女子坚定地说。

“你有没有找你的情人理论？”

“当然有，我找到机会就立刻质问他对上司说了什么，是不是和她有奸情？责备他为什么要出卖我。他当然也是一概否认。当时我是觉得也许是自己多心，所以就姑且相信他一次。后来，也答应了他的第二次约会。想不到——”

“就发生了被偷拍照片的事。”弗洛伊德替她回答。

“是的。”女子应声道。

是的，弗洛伊德觉得他也揭开了谜底。

“依我的看法，这些很可能都只是你的妄想，它是一种病态，是某些心理因素造成的。你愿意接受治疗吗？”

女子板着脸，站起来说："我需要的是律师，而不是医生。"

这也是弗洛伊德的意料中事，他耸耸肩，看着女子走出门外。

改天，律师和弗洛伊德见了面，两人边喝着咖啡，边谈起那名女子。

"你的怀疑是正确的，她说她被情人陷害，那其实是一种妄想。有趣的是，她为什么会产生这种妄想……"弗洛伊德对律师说。

"我就是想知道谜底，才特别移樽就教的啊！"律师说。

"这要从她母亲说起，"弗洛伊德点上一根雪茄，说，"她说她一直和母亲相依为命，人虽然长得很漂亮，但到三十岁都没有和男人谈过恋爱，也不想结婚，我们可以设想，她有很深的'母亲情结'。"

律师也点了一根雪茄，很有兴趣地聆听着。

"在现实生活里，她真正的母亲如今已是个需要她照顾的可怜老妇人，而那位能力比她强、对她关怀备至的女上司，可以说是她童年时代'母亲心象'的再显。"

弗洛伊德说："我这样说是有理由的，她在提到女上司时，特别说她'有跟我母亲一样的白头发'，所以，说女上司是她'替代性的母亲'并不会太牵强。"

律师觉得他好像扯得太远了，弗洛伊德请他少安毋躁。

"为什么当她和情人在第一次幽会后，她立刻会怀疑女上司和情人也有恋情？虽然她说了一些疑点，但你知道，那只是她自己在心里做文章。"

不错，这是那位女子最先的妄想。

"她为什么会做出这种文章？有一个解释是，在潜意识里，她把女上司和情人视为昔日双亲的化身，而她是在和母亲争夺同一个男人的爱，这当然是母亲不允许的。"

律师不禁露出微笑，他对弗洛伊德在这方面的理论稍有涉猎，也能接受。

"另一个解释是，她对替代性的母亲——女上司有一种原始的同性恋欲望。

根据我多年的观察经验，我们每个人都有潜在的同性恋欲望，而总是以同性的双亲为原始对象，有些人的欲望会比较强烈，有些则很淡，这个就不多谈了，我要说的是，长久以来对男性很冷淡的她，当一个男人忽然挑起她的异性恋情欲，而使她想投入对方的怀抱时，本来的同性恋欲望会反对她这样做，而其同性依恋的化身——女上司就成了监视者和迫害者。”

这是弗洛伊德对“被害妄想”的一个重要理论，他发现病人所认为的迫害者，绝大多数都和病人同性别，而根据他的分析，这大都是潜在的同性恋欲望在作祟。

对这一点，律师虽然一时无法全盘掌握，不过它倒是说明了为什么她会认为“如今，女上司已知道了一切”，而且开始对她怀有敌意。

“我们要注意，她情人最初的解释曾经消除了她的疑虑，所以她才会答应第二次幽会。她似乎已经打算不顾‘母亲’的反对，而决心和那个男人交往。”弗洛伊德说。

“但第二次幽会的监视者和迫害者，却变成了男人，这跟你的理论有点不合！”律师提醒他。

“没错，”弗洛伊德说，“我一时还无法厘清这种转变的心理机转。不过，重要的是要看结果，它最终的目的——她和那个男人因而断绝了关系，这跟原来以‘母亲’为对象的目的是一样的，也就是说它还是来自她太过深邃的‘母亲情结’。”

说得也是。但未免太复杂了。律师觉得弗洛伊德似乎忽略了最明显的一点。

他提醒弗洛伊德：“她怀疑被偷拍照片的导火线是第二次幽会时，在房间内所听到的敲击声或‘咔嗒’声，还有楼梯间的带着可疑黑箱的男子，等等。最关键的是房间里的怪声，没先听到这个声音就不会怀疑楼梯间的男子……但如果当她和情人打得火热时，她什么声音也没听到，又怎么会怀疑被情人陷害呢？”

弗洛伊德深吸一口雪茄，好整以暇地说：“不管有没有什么怪声，她这种被情人陷害的妄想就像她怀疑女上司和情人间有秘密恋情般，是一种不可避免的、具强迫性的想法。”

对这种说法，律师倒是觉得有点惊讶。

“我们的感官无时无刻不在接收外在的刺激，视觉的、听觉的、嗅觉的，刺激从未间断，一个正常的人会忽略或排除不相干、无意义的刺激，但一个有妄想倾向的人却会曲解不相干、无意义的刺激，甚至无中生有，以符合他们心中那个虚假的意念，这叫作关系妄想。”

“你是说她听到类似按下快门的‘咔嗒’声是不能当真的？”律师问。

“事实上，她的情人并没有听到什么声音，是因为她问起，情人才说那可能是桌上小时钟的声音。但这也很值得怀疑，谁的听觉会敏锐到听见一段距离外的时钟声呢？特别是在男欢女爱，对周遭一切应该浑然无觉的时候？”

律师同意地点点头。

“关于她听到的‘咔嗒’声或类似敲击的声音，我另外有个解释。”弗洛伊德露出一个奇怪的笑容说。

“我洗耳恭听。”律师很有兴趣。

“那可能是她的阴蒂因兴奋而搏动的声音。”

“这未免太……那个了吧？”律师几乎笑出来，难怪大家会说弗洛伊德有很深的“性执念”。

“这不是我的幻想，更非妄想，而是病人告诉我的。”弗洛伊德严肃地说。

他说这是一种知觉扭曲，经常发生于梦中。有一位患歇斯底里症的女病人，就曾告诉他说，她在梦中听到有人敲门的声音，然后就醒了过来，发现自己因性高潮而下体湿了（类似男子的梦遗，有些女性会在睡梦中产生性高潮）。事实上，当时根本没有人来敲她的房门，她梦中听到的“敲门声”显然是她的阴蒂因性兴奋而搏动的一种知觉扭曲。

“所以她和情人在沙发上打得火热时，阴蒂因兴奋而搏动的感官刺激，被已经存有被害妄想念头的她曲解成有人按下快门的‘咔嗒’声，也是不无可能的呀！”

在弗洛伊德说完他最后的推理后，两个人的雪茄都抽完了，咖啡也喝完了。

“她愿意接受你的治疗吗？”律师问。

“她说她需要的不是医生，而是律师啊！”弗洛伊德说。

“但我却认为她需要的是医生，而不是律师呀！”律师说。

“她真正需要的不是我们这两个老头子。”

弗洛伊德笑着起身，心中浮现女子那秀丽而惹人怜爱的容颜，在这个城市的某个地方，“也许她正开始怀疑起我来了哪”！

“我们的感官无时无刻不在接收外在的刺激，视觉的、听觉的、嗅觉的，刺激从未间断，一个正常的人会忽略或排除不相干、无意义的刺激，但一个有妄想倾向的人却会曲解不相干、无意义的刺激，甚至无中生有，以符合他们心中那个虚假的意念，这叫作关系妄想。”

档案 14

罪恶的清洗

有一位男士，每天也一再重复同样的动作，但不是洗手，而是祈祷，每天要祈祷好几十次，醒来时祈祷、吃饭前祈祷、走路时祈祷、坐车时祈祷、上厕所时祈祷、买东西时也要祈祷……虽然觉得自己虔诚得“过火”，但就是忍不住要祈祷。

午后，走进诊疗室的是一个已婚妇人P女士。

在坐定后，她低头看着自己伸出来的双手，说：

“医生，我有一个毛病，我一天要洗三四十次手，洗得手都脱皮了。”

“但你还是觉得脏？”弗洛伊德点上一根雪茄，问道。

“是的，还是觉得脏，所以忍不住再洗。”P女士好像遇到“知音”般，又说出了一个症状，“除非戴手套，否则我不敢用手碰家里的任何东西。”

弗洛伊德瞄了一眼她那因清洗过度而“憔悴”的双手，心里已经有了个谱：又是一个强迫性精神官能症患者。他想起那位一再从一个房间跑到另一个房间，叫女仆进来看桌巾上斑点的妇人……眼前的这名女子则是一再地清洗她的双手，重复的动作虽然不一样，但心理机转却是相同的，都是来自潜意识的动因。

“你看过莎士比亚的戏剧《麦克白》吗？”

弗洛伊德从年轻的时候就很喜欢莎士比亚，阅读过他所有的戏剧作品，偶尔也到剧院观赏莎剧的演出。他觉得莎士比亚对人类心灵有非常敏锐的观察，就这点而言，他和莎士比亚是“精神上的兄弟”。

“看过。”P女士点头。

“麦克白夫人也一再洗她的手。”弗洛伊德说。

“我看不出那和我有什么关联。”

“当麦克白夫人和丈夫共谋杀死国王后，她就一再洗手——想洗去她手上的血腥，所有的阿拉伯香水也无法使她的小手再变得洁白芳香。”弗洛伊德提醒她。

“您是在暗示我谋杀了什么人吗？”P女士提高音调，生气地说。

“哦，不是。莎士比亚安排麦克白夫人在夜梦中起来洗手只是在运用象征，大家都很喜欢运用象征，你的一再洗手也是一种象征性的动作。”

在《麦克白》一剧里，目睹麦克白夫人洗手的医生曾说：“卑鄙的密语是泄露了。非常的行为产生非常的苦恼，犯罪的心会把秘密吐露给聋的枕。”莎士比亚真是高明，他精确地同时处理了麦克白夫人的梦游症和精神官能症。但《麦克白》一剧里的医生感叹“这病是我不能治的”，而弗洛伊德却有信心治好眼前这位病人。这需要一点技巧和坚持。

“除了一再洗手外，你是否还一再清洗身体的其他部位？”弗洛伊德问。

P 女士的双颊一下子浮上两朵红云，但旋即防卫性地说：“我洗身体的其他部位跟你的诊断有什么关系？”

但弗洛伊德不让步：“如果你想解决你的毛病，你就必须老实回答我的问题。”

“好吧，” P 女士有点懊恼地说，“我每隔半个小时就要洗一次我的阴部，这跟我的毛病有什么关系？”

“这比洗手更具关键性，你不觉得吗？”

P 女士紧闭着嘴。

“其实你一再洗你的手和阴部，并不是因为它们真的很脏。”弗洛伊德提出他的看法。

“不然我想洗掉的是什么？” P 女士挑衅地问。

“罪恶。心里的肮脏。”弗洛伊德冷静地说。

P 女士睁大眼睛，瞪视了弗洛伊德好一会儿。然后，突然双手掩面，眼眶里冒出泪水来。很显然，“罪恶”和“心里的肮脏”刺到了她的痛处。她不再说话。

但当天，她却不愿再多谈，直到下次再来时，她才问：“你怎么知道我想清洗的是罪恶？”

“因为我看过太多像你这样的个案。”

为了彻底解除病人的心防，在阵阵浓郁的雪茄烟味中，弗洛伊德向她说了另一个病人的故事：

有一位男士，每天也一再重复同样的动作，但不是洗手，而是祈祷，每天要祈祷好几十次，醒来时祈祷、吃饭前祈祷、走路时祈祷、坐车时祈祷、上厕所时祈祷、买东西时也要祈祷……虽然觉得自己虔诚得“过火”，但就是忍不住要祈祷。

在接受治疗时，他回想起自己七岁时在街上目睹的一件事：有一位妇人和邻居的少女争吵，吵得不可开交时，妇人突然上前掀起少女的裙子，让她雪白的屁股暴露在大庭广众之中。他回家后，兴奋地将这件事告诉家里的女佣，女佣威胁他，说他是个“坏小孩”，会被警察抓走。他心里感到害怕，于是开始不停地祈祷。

但只是无意间在街上目睹别人的糗事而已，为什么会产生不断祈祷的强迫性动作呢？在对病人的心灵做更深的挖掘之后，才知道他自己也犯了同样的“罪行”。原来他曾经趁女佣睡着时，偷偷掀起她的睡袍，看她雪白的屁股；更要命的是，当他和母亲同睡时，竟然也做出同样的事。就是这些尘封在记忆里的罪恶，让他产生不断祈祷的强迫性动作。

“你怕脏，其实是做了某件你无法面对的罪恶的结果；而一再地以重复动作来清洗，则是要将那个罪恶排除在自己的意识记忆之外。你不说，我也知道你大概做了什么事。”弗洛伊德说。

至此，P女士终于放弃了她的压抑，以嘶哑的声音说：“我对我的丈夫不忠……我遇到一个男人，他对我有致命的吸引力，大概有两个月的时间，我经常在下午时，背着家人，到他的住处和他幽会。”

“你想从心里清除掉的就是这种出轨的罪恶？”

“后来我受到良心的苛责，我是一个有家庭、丈夫、小孩和父母要照顾的人，我要做个贤妻良母，我决定悬崖勒马，斩断情丝，将这次短暂的出轨抛到九霄云外。”

P 女士在说这些话时，一脸凄楚，看来是真心悔过了。

“也许你成功地将它抛到九霄云外了，但却产生新的问题——一再清洗你的双手和阴部，这种强迫性动作只是罪恶感的替代品而已，但它们却比真正的罪恶感更让人痛苦。”

这不只是想“抵销”过去的罪行而已，更是一种自我惩罚，让自己继续受苦。有时候，弗洛伊德不禁怀疑，他所看的精神官能症病人都是“道德高超”的人。

“其实，你不应该再苛责自己，因为你已经受够了，很多做了比你更不道德的事的人，他们都没事般地活得好好的。”

弗洛伊德同情地安慰她说：

“现在应该是你原谅自己的时候了，如果你再重复这种强迫性动作，它会逼你发疯，你又怎么善尽你对丈夫、孩子和父母的照顾？”

P 女士有点茫然地看着自己那双憔悴的手。

“如果你觉得这样还是无法原谅自己，心中依然有罪恶感，那也许你应该向丈夫坦承那次的外遇，它可能很痛苦，也有某种危险性，不过夫妻若是真心相爱，应该会彼此体谅，共渡难关，这样你就能获得彻底的解脱。”弗洛伊德说。

“你怕脏，其实是做了某件你无法面对的罪恶的结果；而一再地以重复动作来清洗，则是要将那个罪恶排除在自己的意识记忆之外。你不说，我也知道你大概做了什么事。”弗洛伊德说。

档案 15

女人笔迹里的男人心事

“那时候我还是一个情窦初开的少年，我疯狂地爱上一个年纪比我大许多的有夫之妇，无奈落花有意，流水无情，她拒绝了我幼稚的爱，害我痛苦地走上了自杀之路。但很幸运的，我从地狱门口又被救了回来，调养了很长一段时间才恢复正常。”

有一天，维也纳一位颇有地位的男士来到弗洛伊德的诊所，说想要接受精神分析。

“你的心里有什么困扰吗？”弗洛伊德问。

“是有关女人的事。”男士坦然地说。

他说，虽然表面上他是一个体面的绅士，但却和一名风尘女子一直亲密来往，这种恋情当然是瞒着社会的耳目，因为万一曝光，一定会损害到他的声誉。

“在几个月前，我已经和一位名门闺秀订婚。”

弗洛伊德和他交换了解的一瞥。是的，在这种情况下，结束这场见不得人的畸恋，就益加显得迫切。

“问题是，虽然我很想摆脱这位风尘女郎，但却又摆脱不了——靠自己的力量摆脱不了，所以来找您帮忙。”

“摆脱不了？是她死缠着你？还是威胁你？”弗洛伊德问。做你想做的事，然后付出代价。如果是这样，他是爱莫能助的。

“不是，”男士说，“为了摆脱她，我经常用各种嘲讽和侮辱的言语去激怒她，在她面前炫耀我和未婚妻的关系，直到她感到彻底绝望，痛苦地表示她是多么受伤害……”

“你希望她因此而知趣地自动离开你？”

真是狠心的男人啊！这是一些自以为“为她好”的男人惯用的伎俩。

“也许是吧！”男士承认，“奇怪的是，在伤害她时，我有一种莫名的快感；但过没多久，我又开始感到后悔，向她赔不是，送她礼物，再度对她柔情蜜意。”

这的确和想摆脱她的理智决定互相矛盾，看来他是真心爱着那位风尘女郎。他面临了理智与情感的古老冲突。弗洛伊德这样想着。

“同样的循环已经不知道重复过多少次，”男士说，“我不仅感到苦恼，而且无法了解自己为什么会这样？”

这就是他想接受精神分析的原因。

“那位风尘女郎对你即将结婚这件事，有什么反应？”弗洛伊德问。

“也许是认命吧！她并没有死缠活赖，最少她给我这种感觉。”

看来问题是出在他自己的身上。他对风尘女郎一再重复的举动具有强迫性行为的特征，找出它潜在的原因是弗洛伊德要做的事。

弗洛伊德请男士躺在长沙发上自由联想。男士谈起了他和这位风尘女郎交往过程中的点点滴滴，也谈起他的童年生活，和父母、兄弟姊妹的愉快关系……弗洛伊德发现他和风尘女郎是真心相爱的，只是碍于社会虚矫的礼俗，而使他们无法长相厮守。

“你说你在伤害她时，会有一种莫名的快感？”弗洛伊德问。他想再确定一下。

“是的。”男士的回答还是一样。

这就怪了。它也许是揭开谜底的关键。

有一次，弗洛伊德问他以前是否爱上别的女人时，男士透露了他更早以前的一段秘密恋情：

“那时候我还是一个情窦初开的少年，我疯狂地爱上一个年纪比我大许多的有夫之妇，无奈落花有意，流水无情，她拒绝了我幼稚的爱，害我痛苦地走上了自杀之路。但很幸运的，我从地狱门口又被救了回来，调养了很长一段时间才恢复正常。”

“复原之后，你就想开了？还是对那个女人怀有恨意？”弗洛伊德问。

男士露出一个神秘的笑容，说：“经过这一番波折，她因此而被我的真情所感动，开始喜欢上我，我们就开始私下幽会……”

“你们现在还继续交往吗？”弗洛伊德有点惊讶地问。

男士含糊地“唔”了一声，说：“她现在已经有了年纪了，她成了我的另一个负担，而且是更……麻烦的负担。”

弗洛伊德点了一根雪茄，请他继续说下去。

“她出身有名望的家庭。我不只爱她，而且尊敬她，我实在不想伤害她，即使想分手，我也希望能将伤害减到最低。”男士苦笑着说。

“你无法像对付那位风尘女郎般，对付这位淑女？”

男士苦恼地点点头。说起来他真还是有点势利眼哪！

一个情妇变成了两个情妇。就在他难以摆脱两个情妇的苦恼中，有一天，男士来到诊疗室后，忽然问弗洛伊德：“您知道维也纳有一个很有名的笔迹学家，叫薛曼的吗？”

弗洛伊德听说过，那是一个专门靠笔迹来判读一个人未来吉凶祸福的命理学家。难道他在接受精神分析的同时，也去算命吗？这虽然是病人的自由，但任何医生听了，都会有点不悦的。

男士说有一次他在辱骂了风尘女郎后，要她在一张纸条上写了些东西，然后将纸条拿去给薛曼判读，看看能看出什么端倪。

“他怎么说？”弗洛伊德的不悦很快被好奇心所取代。

“薛曼说，从笔迹看来，这是一个‘极端绝望，可能在几天内就会自杀的人’。”

“那个风尘女郎自杀了吗？”

“没有。”男士若无其事地说。

既然没有自杀，那表示笔迹学家的预言根本不准，那他为什么要煞有其事地谈起笔迹学家“失败的预言”呢？

“你在暗地里希望她能像薛曼所说的自我了断，好让你重获自由？”弗洛伊德逼视着他。

“我怎么会希望她死？我很同情她的身世，我希望我们好聚好散。”

听起来像是出于肺腑之言。但为什么？为什么？

弗洛伊德默默地抽着雪茄，整个诊疗室内弥漫着浓郁的雪茄烟味。良久——

“我想我知道整个事件背后的原因了。”

弗洛伊德向男士解释：他在潜意识里，的确希望他的情妇能自我了断，但不是第二个情妇——风尘女郎，而是第一个情妇——名门淑女。

“为什么呢？”男士露出惊讶的表情。

“虽然你说即使分手，你也不愿意对第一位情妇造成任何伤害，但这可能只是你意识层面的想法。”弗洛伊德说，“在潜意识里，你可能潜藏着想要对她施以报复的渴望，因为当年她曾害你走上了自杀之路，那是多么刻骨铭心的折磨啊！你的潜意识渴望着她也要受到同样的折磨，在你离开后，她也要像当年的你一样自杀。”

男士陷入了沉思。自己在少年时代饱尝爱情的苦果而轻生时，曾经对那位有夫之妇由爱转恨，但在她回心转意后，那种恨意早就“烟消云散”了呀！不过，这就是弗洛伊德所说的“潜意识”，它只是被驱赶到内心阴暗的角落而已。

“但这个愿望太残酷了，不被现在自觉仍深爱着她的意识所允许。不过它必须有个出路，结果，那出身低贱的风尘女郎就成了替罪羔羊。你不是说你不知道自己为什么会对她那样做吗？因为你对她所做的种种折磨，正是你潜意识里希望对第一个情妇所施加的报复。”

听起来好像很复杂，但似乎也言之成理。

“问题是，一般讲起来，名门淑女不会像风尘女郎般死缠活赖，你对第一个情妇的恨意为什么那么深，而希望她自我了断？”弗洛伊德对这个问题还是有点不解。

改天，当男士躺在长沙发上，神游太虚幻境时，弗洛伊德打断他无谓的联想，说：“谈谈你的未婚妻，你到现在都还没有谈起她。”

“我的未婚妻，她……”男士搔搔头，沉吟着。

“怎么了？你又有什么难言之隐了？”弗洛伊德半开玩笑地问。

“是有一点……”男士讪讪地说，“因为她就是我第一个情妇的女儿。”

真是令人吃惊啊！弗洛伊德对眼前这个男人的男女关系只能大摇其头了。他并不是那种能理智处理感情问题的人，但却偏偏让自己陷入麻烦的泥沼中。

男士说，虽然他和那位有夫之妇私通多年，但掩饰得很好，她的家人都被蒙在鼓里。因为他常到她家里走动，她长大的女儿竟慢慢地喜欢上母亲的秘密情人。

“毕竟我是要找个门当户对的女人建立正常而美满的家庭，我和她女儿在各方面都比较适合，所以我们就订婚了。”

“你想要一石两鸟？你未婚妻的母亲怎么说？”弗洛伊德问。

“她当然是不太高兴，但又能说什么？毕竟我不能和她结婚啊！也许我们两个人都应该面对现实，让那段秘密的恋情成为美好的回忆，永远不要再提起。”

“也许你是希望她自动消失掉吧！就像我们不久前提到的，自我了断。或者，你和她女儿订婚，说不定也是对她的一种潜意识报复吧！”弗洛伊德提出了他的看法。

男士什么也没说。弗洛伊德觉得他是在自找苦吃。

“你对未婚妻有出于内心的爱意吗？”

男士并没有直接回答这个问题。他说在订婚后没多久，他做了一个奇怪的梦，在梦中，他以充满敌意的态度对待她的未婚妻。

“我心里感到不安，于是又拿了未婚妻所写的一张字条，去请薛曼做笔迹分析。”

“这回他怎么说？”

“薛曼说:‘这是一个孩子气、神经质、不适合结婚的女人’。”

“我不必看笔迹，也觉得你‘不适合’和这样的女人结婚。表面上，你期待这样的婚姻，但你内心知道，跟自己秘密情人的女儿结婚是‘多么地不适合’。”

事实上，男士也因此而慢慢疏远他的未婚妻，和她的关系变得越来越不稳定。

弗洛伊德对这位男士的精神分析，最后导致他和未婚妻解除婚约。也许在弗洛伊德的帮助下，他终于了解自己的心事，觉悟到这样的婚姻不仅不适合，而且无意义。

几个月后，这位男士和另外一位淑女结了婚，据说也和那位风尘女郎和有夫之妇做了了断，掩去不为人知的过去，有点遗憾地过着体面的生活。

弗洛伊德在知道后松了一口气，同时开始对那位笔迹学家的“预言”感到好奇起来。为什么笔迹学家的“预言”会和这位男士“隐秘的心思”那么接近呢？也许只是巧合，但也许是一种“心灵阅读”——一种尚未为人所知的潜意识沟通。

“人类心灵的奥秘真是浩瀚无涯啊！”他不禁发出了一声感叹。不，是赞叹。

“虽然你说即使分手，你也不愿意对第一位情妇造成任何伤害，但这可能只是你意识层面的想法。”弗洛伊德说，“在潜意识里，你可能潜藏着想要对她施以报复的渴望，因为当年她曾害你走上了自杀之路，那是多么刻骨铭心的折磨啊！你的潜意识渴望着她也要受到同样的折磨，在你离开后，她也要像当年的你一样自杀。”

档案 16

请待我如世界女王

每到上床的时间，我的胃就开始痉挛，头也痛得要命，不是装出来的，而是真的在痛。当然，我胸前的红疹也都擦着药膏，丈夫看到我这般模样，就不耐烦地咆哮："既然你每天都这样疲倦和病痛，那你为什么不去看医生？"

有一天，一个五短身材的中年男子和一个三十出头的标致女人来到了弗洛伊德的诊所。

男子说他是来自柏林的D教授，“弗莱斯医生介绍我来的”。弗洛伊德一听到弗莱斯的名字，脸上立刻露出温馨的笑容（弗莱斯是他在柏林的挚友），他热情地招呼这对不速之客。

D教授上下打量了弗洛伊德好一会儿，转而看了身边的女人一眼，说：“我太太有点问题，想请您高诊。”

弗洛伊德礼貌性地问候D夫人，发现她不只长得漂亮，穿着也很时髦，似乎是在炫耀她迷人的身材。他很好奇这样的女人会有什么问题。

D教授在维也纳逗留几天就自个儿回柏林去了。但也只有在他走后，他太太才在精神分析过程中采取合作的态度，或者说，自在地显露她自己。

D夫人要弗洛伊德称呼她泰莉萨——那是她的闺名。在几次谈话后，她的神情和姿态越来越让人产生挑逗的遐想，但见多识广的弗洛伊德想到的却是另外的问题。不错，她的言行举止浮夸，情绪起伏很大，忽而露出洁白的牙齿大笑，忽而又悲从中来，垂头丧气；这些都是典型的歇斯底里人格的表征。

泰莉萨对自己问题的描述是：“厌倦和无聊让我忧郁满怀，我的生活并不快乐，我的丈夫、我的家都……你知道，我也没有小孩。自杀的念头经常闪过我的脑海。”

“你在身体方面，有什么不舒服吗？”弗洛伊德问。

歇斯底里精神官能症的病人经常会出现身体方面的症状。果然——

泰莉萨说：“哦，一大堆。我的小腹经常疼痛，头也痛得要命，好像头皮里面嵌了什么碎片；还有，我的两个乳房之间有红疹。”

说着，就掀开衣襟，露出她胸部的红疹。弗洛伊德当年只在皮肤科实习一个月，他无法诊断她的红疹究竟是什么东西，遂转介她到一个皮肤科教授处，皮肤科教授说那是心理因素所引起的病变，这证实了弗洛伊德原先的猜测。

心病还要心药医。弗洛伊德请泰莉萨躺到长沙发上进行自由联想，想从浮现在她心中的影像和回忆里，捕捉造成她今日问题的根源。在诸多的回忆里，最让弗洛伊德感兴趣的是她的性幻想。

泰莉萨有一大堆性幻想，她幻想自己是睡美人，受到一个英俊王子的热烈追求；是某个皇帝的情妇；某位歌剧男星的秘密情人……她说她在童年时代曾经受到一个她喜欢的叔叔的性侵犯，但在弗洛伊德技巧性的询问下，发现这其实也是个幻想。

最后，泰莉萨竟将她的幻想转移到弗洛伊德的身上：

“你很像我那位叔叔，我非常仰慕他，我觉得仿佛又回到童年时代，和他同处一室。他是那样具有男性气概，那么英俊潇洒……”

忽然，她两眼迷离地望着弗洛伊德，娇声呼叫：“叔叔！你为什么不爱我？你知道我仰慕你，我天天晚上都梦见你，为什么你会喜欢那些你带回家吃晚饭的风骚女人，而不喜欢我……”

这是一种“转移作用”，在治疗过程中，病人常会潜意识地将自己早年生活中对某些重要人物的感觉和态度转移到医生身上。弗洛伊德有好几次被他的女病人“误认为”是她们的情人、丈夫或父亲，对此，他已不感惊讶。

弗洛伊德甚至开始同情起泰莉萨来。因为在将近一个月的面谈后，他发现泰莉萨表面上虽然给人轻佻、风骚、想勾搭男人的印象，但其实是个性冷感的女人，在和丈夫行房时，从来没有过性高潮；而她也没有红杏出墙，和别的男人上过床。

“你不是有很多性幻想吗？难道你只是想而已？”弗洛伊德问了这样一个问题。

“不瞒您说，我是靠自慰来获得满足。”

如今，泰莉萨和弗洛伊德之间已经无所不谈，她把他当成了能倾诉最隐私心事的密友。泰莉萨说，她从很早就开始自慰，而且在自慰中获得了性高潮，那种高潮是如此的美妙和强烈，以至于在结婚多年后仍不愿放弃。前面提到的英俊王子、皇帝、歌剧男星、叔叔等，就是她自慰时幻想的做爱对象。

"我为什么要将我的身体给在我之外的某个人？我为什么要由某个人来决定我什么时候能获得满足？或者不能满足？而且我不喜欢我丈夫，他的身体让我一看就讨厌！"泰莉萨说。

弗洛伊德觉得眼前的这名女子，不仅歇斯底里，更是一个自恋者，像希腊神话中的纳西瑟斯，她只爱自己，在性方面也是自我完成。

他想起罗雷德医生报告过的一个特殊病例：一个二十二岁的男子，他只爱他自己，一点也不想和别人发生性关系。他满足自己的方式当然也是自慰——站在一面大镜子前，用爱的眼光欣赏自己，抚摸和亲吻自己在镜中的映像，于是阴茎勃起，然后开始自慰……有时，不必自慰也会兴奋得射精；有时，则将阴茎压在镜中反映出来的阴茎上，获得高潮。

泰莉萨的病情虽然没有这么严重，但她有丈夫，而她丈夫又殷切地将她远从柏林带到维也纳来，希望获得治疗。弗洛伊德觉得自己于情于理，都应该帮助她走出自恋的窝巢。

"你是觉得丈夫一点也不可爱？还是觉得他比你在自慰时所幻想的英俊王子不可爱而已？"

泰莉萨听了，一点也不觉得困窘，反而发出银铃般的笑声，说：

"我丈夫没有办法让我觉得我是世界的女王。我觉得在做爱时就应该要有这种感觉。"

大概只有在她幻想中的王子或男歌星，能对她殷勤备至，讨她欢心，让她有"世界女王"的感觉吧！

"这也是我很久以来不让他和我性交的原因。当然，他因此而疯狂地嫉妒着，指责我一定是从别的地方获得性的满足。”

弗洛伊德耸耸肩：“他说的也没错，你在你的性幻想里获得了满足。”

“没错，”泰莉萨承认，“有时候他想用强的，但这只能使我更加讨厌、反抗他。我不是那种能乖乖躺在床上，让丈夫在我体内射精的女人！”

她又开始歇斯底里地提高了音调。

“但你们是住在同一个屋檐下，睡在同一间卧室里，你要怎么摆脱他的纠缠？”弗洛伊德有点好奇地问。

“每到上床的时间，我的胃就开始痉挛，头也痛得要命，不是装出来的，而是真的在痛。当然，我胸前的红疹也都擦着药膏，丈夫看到我这般模样，就不耐烦地咆哮：‘既然你每天都这样疲倦和病痛，那你为什么不去看医生？’所以我就来找你了，你的朋友弗莱斯医生认为你可以帮助我。”泰莉萨说。

原来泰莉萨一大堆的身体毛病，都和她排斥与丈夫行房的心理有关。这倒有点出乎弗洛伊德的意料。

一个多月后，D教授又从柏林来到维也纳。不知道泰莉萨对他说了什么，D教授显然受到了刺激，怒气冲冲地出现在弗洛伊德的诊疗室。

“医生先生，我不想指控你勾引我太太，这只会让我显得愚蠢，”D教授说，“但我要指控你在这里鼓吹不恰当的话题！”

他似乎将他对妻子秘密奸夫的莫名嫉妒一股脑儿转移到弗洛伊德身上。

“什么话题？教授先生？”弗洛伊德问。

“跟性有关的话题。”

在当时的欧洲，维也纳正是一个以自由性爱而闻名的城市。而弗洛伊德在维也纳又以探讨和治疗性问题而闻名。

“但这正是你太太疾病的根源，也是你们婚姻不谐的原因啊！”弗洛伊德义正词严地说。

D教授的脸一下子都黑了。

“我太太没有权利告诉你这些！”

“那你为什么将太太带到维也纳来要我治疗？”弗洛伊德苦笑。

D教授不禁低下头来，注视着地板，喃喃说：“是的，要来治疗……你想你可以治好她，让她成为一个……正常的妻子吗？”

“我有理由做这种期望。”弗洛伊德说。

D教授又回柏林去了，弗洛伊德继续治疗泰莉萨，每天一个小时。

他向她解释什么叫作“退行作用”——有些人在遭受挫折后，会退回到过去让他觉得安稳的行为模式中。而她就是这种情况，她对丈夫不满，对夫妻间的性感到失望，就以“病”来拒绝丈夫，而耽溺在性幻想和自慰中。但这是不成熟的应对方法，只是在逃避问题，而不是在解决问题。

更重要的是挖掘她自恋的根源，将她在童年期的性冲突摊开来，并加以化解。他一点一滴地让泰莉萨增加对性的新洞见，了解男性性欲和性行为的本质。幻想与事实有很大的出入，一个活生生的男人不可能像他幻想中的王子般，是她意志的奴隶。

“您是要我对丈夫多一点同情和了解？”泰莉萨问。

“也可以这样说。”弗洛伊德说，“除了爱自己外，你应该多爱丈夫一点。不是有人说，爱就是同情和了解吗？没有十全十美的男人，也没有十全十美的人生，如果你能对婚姻之爱和人生中必然存在的不快乐采取较容忍的态度，那你的歇斯底里症状和忧郁就会烟消云散。”

泰莉萨很欣赏弗洛伊德的这些说法。在五个礼拜的治疗后，她仿佛脱胎换骨般——最少在心情上是如此，开始期待再过一段时间，她就能带着对自己和生命的新认识回家，重建她的婚姻生活。

弗洛伊德看到泰莉萨的进展，证明自己的治疗成功，也觉得相当欣慰。

但就在这个时候，D教授突然在没有事先通知下，闯进了弗洛伊德的诊疗室。他看到泰莉萨闭着眼睛躺在长沙发上倾吐心事，而弗洛伊德就坐在她背后，两人以非常亲密的方式在交谈。

D教授不禁怒火中烧，猛力将太太从长沙发上拉起来，对弗洛伊德咆哮说：

“我没有那么多钱让你们浪费在这种无聊的事情上！我也没有时间在柏林和维也纳间跑来跑去，看看我太太是不是好了点！你休想再见到她！”

说着，就拉着惊惶的泰莉萨扬长而去。

弗洛伊德呆呆地站在那里好一会儿。难道D教授又怀疑他和泰莉萨做了什么不可告人的事吗？当泰莉萨正想多了解和同情她丈夫一点时，D教授为什么也不尝试多了解和同情他妻子一点呢？

弗洛伊德摇摇头，不知道泰莉萨是否能一如她所期盼的重建快乐的婚姻生活。

但也许，这才是真正的人生。

“退行作用”——有些人在遭受挫折后，会退回到过去让他觉得安稳的行为模式中。而她就是这种情况，她对丈夫不满，对夫妻间的性感到失望，就以“病”来拒绝丈夫，而耽溺在性幻想和自慰中。但这是不成熟的应对方法，只是在逃避问题，而不是在解决问题。

档案 17

矛盾的伤害

“我也很担心受到细菌的污染，”男子说，“细菌无所不在，我只能尽力而为，譬如在坐车的时候，我都是站在一边，不坐大家坐过的座位，不抓大家抓过的把手；家里的门窗都装上两道纱门；到餐厅吃饭，杯盘等都要仔细擦拭过。”

病人是一个高大、看起来相当稳重而自信的四十五岁单身男子，但他说他正受到某些奇怪想法的折磨，觉得浪费了不少时间。

“譬如什么？”弗洛伊德交叉着双手，微微向后仰，问道。

“譬如说前几天，我经过维也纳郊外那个由以前皇宫改建的公园时，踢到路上的一根树枝，我顺手将它丢到路边的矮篱笆里。但就在回家的路上，我的脑中忽然出现了一个想法：那根树枝也许有一小段露在篱笆外，路过的人可能会不小心被它绊倒而受伤……这个想法一直盘旋在脑海里。”

弗洛伊德活动了一下他交叉着的双手，猜测着即将发生的事。

“最后，我不得不下车，跑回那个公园，将丢到篱笆里的树枝又放回原来的地方。”果然。弗洛伊德向病人解释，这是一种“强迫性观念”，一旦出现，你不将它付诸实现，它是永远不会止息的。

“你不觉得将树枝丢到篱笆内，比让它躺在马路上，对过路的人更安全吗？”弗洛伊德问。

“我当时心里只有一个念头，我做了一件危险的事，我有义务要消除那个危险。”

但除了病人外，恐怕任何人都会同意又将树枝放到马路上才更危险吧！这正是强迫性观念和动作的一个特征，它们其实都是无意义，甚至是荒谬的，很多病人也都了解这点，但就是会身不由己地受到它的驱策。

“你还有什么症状？”

“我也很担心受到细菌的污染，”男子说，“细菌无所不在，我只能尽力而为，譬如在坐车的时候，我都是站在一边，不坐大家坐过的座位，不抓大家抓过的把手；家里的门窗都装上两道纱门；到餐厅吃饭，杯盘等都要仔细擦拭过。”

“这样很辛苦啊！”弗洛伊德有点同情地说。

眼前的这名男子看起来并不像畏缩、拘谨的人，他为什么会有这些奇怪的想法和症状呢？弗洛伊德请他躺到长沙发上自由联想，希望能从病人过去的生活史找到造成今日症状的线索。

但经过两三次面谈，收获却非常有限。不过弗洛伊德倒是发现一件有趣的事：病人每次所付的诊疗费都是崭新的钞票，这显然也是他细菌畏惧症的一个表现。大家不是说钞票是最脏的吗？当然，它也是最可爱的，崭新的钞票看起来就更可爱。

“让你每次都到银行去换新钞票，实在太劳烦你了。”弗洛伊德打趣说。

“喔，这些钞票是我洗过又重新烫平的。看起来像新钞，但其实都是旧钞。”男子得意地说。

弗洛伊德听了有点惊讶。

“我觉得我不应该给人肮脏的旧钞票，”男子解释说，“因为那上面可能存在着各种危险的细菌，会伤害到收受钞票的人。”

多数的细菌恐惧症患者担心的是自己受到细菌的感染，但他却担心别人受到感染！他为什么要如此煞费苦心，设想周到呢？

在接下来的面谈中，话题逐渐转移到性方面。一个看起来健康的四十五岁男人，没有结婚，也没有固定的性伴侣，他是如何解决他的性问题的？

“我不找妓女，也不和有夫之妇私通。”男子说。

这显然也是因为怕“脏”，众人和别人用过的东西他是避之唯恐不及的。弗洛伊德想，那剩下的似乎就只有自慰了，虽然不见得比别人干净，但也算“敝帚自珍”了。

“我喜欢纯洁的少女。”男子有点得意地说。

什么？弗洛伊德再度感到惊讶。难道这个为别人设想周到的人，会是一个专门诱奸少女、辣手摧花的色魔？

躺在长沙发上的男子似乎陷入了回忆，娓娓道出了他不为人知的一面。他说他在所住的镇上是一个有着善良、正直名声的居民，更是很多家庭眼中亲切的“好叔叔”，这些家庭中都有着十二三岁的女儿。他经常到这些家庭中走动，关心少女们的日常生活，教导她们做人的道理，等到他赢得父母的信任后，他就提议带少女到郊外踏青、野餐，多多接触大自然。父母不疑心他，都高兴地让女儿和他前往。

每次郊游，在他的精心设计下，他们总是错过回去的最后一班火车，事到如今，只好就近找个旅馆过夜。旅馆当然也是他事先就安排好的，虽然他订了两个房间，但在吃完晚餐，等少女上床后，他就偷偷溜进少女的房间……

“然后，你就强暴了她们？”弗洛伊德不满地质问。

“不要说得那么难听，”男子说，“我没有强暴她们。她们以后还要嫁人。”

在上了床后，他好言对少女说：“我们来玩游戏，叔叔不会伤害你。”然后抚摸少女的身体，也要少女抚摸他，在对方因他的挑逗而心神迷离时，他就将手指插进她的阴道里。

“你不是很怕细菌吗？为什么你要将你肮脏的手指插进纯洁少女的阴道里，难道你不怕会伤害到她们吗？”弗洛伊德问。

“伤害？为什么？这对她们有什么伤害？你又知道什么？”他忽然从长沙发上站起来，愤怒地说，“她们没有一个人受到任何伤害！事实上，她们每个人都很享受，有些现在已经结婚了，生活得很好。一点伤害也没有！你知道个什么！”

说着，他就怒气冲冲地不告而别，以后再也没有出现。

“我又知道什么？”在确定病人不会再来后的某个晚上，弗洛伊德躺在长沙发上，一边抽着雪茄，一边喃喃自语。

他知道病人的自相矛盾正泄露了他的心事：他的畏惧细菌，给他洗过、烫过的钞票，表面上是在替他人设想，实际上是想“抵销”他将肮脏手指插进纯洁少女阴道的罪恶；他的潜意识里充满罪恶感，但他却否认这种罪恶。他真的认为这样做没有对少女造成伤害吗？就像他将公园路上的树枝丢到篱笆内，然后又迫不及待地再将它放回马路上一样，他想不对人造成伤害，但什么才是真正的伤害呢？

弗洛伊德几乎可以确定，这个自以为是的男人每天将在某个时刻、某个角落，脑海里忽然浮现某个强迫性想法，驱使他去做无意义、荒谬的事，他不知道自己为什么要受此折磨。但弗洛伊德知道，那是他良心对他的自我惩罚。

也许他不希望弗洛伊德治好他，因为他渴望继续受到惩罚。

病人的自相矛盾正泄露了他的心事：他的畏惧细菌，给他洗过、烫过的钞票，表面上是在替他人设想，实际上是想“抵销”他将肮脏手指插进纯洁少女阴道的罪恶；他的潜意识里充满罪恶感，但他却否认这种罪恶。他真的认为这样做没有对少女造成伤害吗？就像他将公园路上的树枝丢到篱笆内，然后又迫不及待地再将它放回马路上一样，他想不对人造成伤害，但什么才是真正的伤害呢？

档案 18

怪异的睡眠仪式

“我在睡觉时，房间内一定要保持安静，所以我想办法排除一切可能的噪音。

“我有两个枕头，一大一小。在上床时，放在床头的大枕头绝对不能和床的木头后背接触，小枕头必须放在大枕头的上面，成为一种特殊的菱形，我的头正好可以搁在这个菱形的上头。

“躺到床上，在盖上鸭绒被之前，我要先抖动被子里的鸭毛，让绒被的下面变得很厚，然后，再用手将鼓起的鸭毛重新压平。”

一对忧心的父母带着他们的独生女来看弗洛伊德。

父母说他们这个宝贝女儿小时候性情活泼开朗，很惹人疼爱。但这几年来，不知道什么原因，突然变得很容易动怒，特别是针对她母亲，动不动就对母亲发火；有时候又没来由地陷入忧郁之中，变得多疑和犹豫，不敢一个人穿越广场或走在宽广的街道上。

但最让他们感到困扰的是每天睡觉前，女儿都要重复一套烦琐而怪异的动作，好像宗教仪式一般，搞得全家人鸡犬不宁。

坐在弗洛伊德面前的是一个看起来既聪明又漂亮的少女。他先请父母出去，和少女聊了一下学校的事情，然后问她："每个人在睡觉时，多少都需要一些睡眠仪式，有的是在床上祷告，有的是看点小说，这样才能睡得安稳。你能告诉我你的睡眠仪式是什么吗？"

少女说："我在睡觉时，房间内一定要保持安静，所以我想办法排除一切可能的噪音。"

为了排除噪音，她做了两件事：一是让她房内墙上的大钟停摆，将她的小手表放得远远的，而不是放在她床柜的抽屉里，为的是"避免听到钟表的嘀嗒声"；一是将房内的花盆和花瓶都收到她那张大书桌上，为的是"避免它们在夜里突然掉落、摔破"，干扰她的睡眠。

任何正常明理的人听到这种说法，都会觉得它们已超出合理的范围。时钟规律的嘀嗒声是不会干扰睡眠的，甚至还有催眠作用；而花盆和花瓶在晚上摔落地面的机会更是微乎其微，每天晚上都煞费周章地让时钟停摆、搬动花盆，实在是太过分了，简直就是病态。

"你不觉得这样做违反常理吗？"弗洛伊德问。

"我也觉得不太合理，但不这样做，我就无法安心睡觉。"少女说。

“你还有其他的睡眠仪式吗？”

“有，”少女说，“我的房间和父母的卧室是相通的，睡觉前，两个房间中间的门必须半开着，这样我才会觉得安稳。”

她说为了确保这扇门在她入睡后还是开着的，她在上床前会先用一些东西挡在开着的门边。很显然，让这扇门半开着和她要求的绝对安静是互相矛盾的，弗洛伊德想到了某个问题，但他暂不追究，继续问：“然后呢？”

“我有两个枕头，一大一小。在上床时，放在床头的大枕头绝对不能和床的木头后背接触，小枕头必须放在大枕头的上面，成为一种特殊的菱形，我的头正好可以搁在这个菱形的上头。”

事情还没完，少女又说：“躺到床上，在盖上鸭绒被之前，我要先抖动被子里的鸭毛，让绒被的下面变得很厚，然后，再用手将鼓起的鸭毛重新压平。”

真是令人哭笑不得的烦琐仪式。

在整套漫长的仪式中，她每完成一个动作，总是担心可能没做好，又重新检查，一会儿怀疑这个，一会儿担心那个，通常要花上一两个小时，不仅使她无法早早安眠，也连带地使为她发愁的父母不得休息。

弗洛伊德对宗教仪式颇有研究，它们虽然烦琐，但只要信奉者一丝不苟地遵行，就能让他“安心”和获得“保证”——神明将赐给他平安幸福；但如果中间有什么差错，可能就会有他担心的不幸发生。这位少女的睡眠仪式应该也具有这种“用意”，找出这些动作的“用意”就是弗洛伊德的工作。

第二次少女来时，弗洛伊德先从她的“钟表仪式”开始：

“你说你睡觉时不想听到钟表的嘀嗒声，钟表让你联想到什么吗？”

“时间，准确之类的。”少女说。

这只是表面的意思，弗洛伊德要的是钟表的象征含意。

“我给你一个建议，”弗洛伊德说，“钟表的动作是有规律、周而复始的，它跟女性的月经有类似的地方，有些妇女就自夸她们的经期跟钟表一样准确。

所以，钟表也可以是女性生殖器的一种象征。”

对这样的解释，少女很不以为然地撇撇嘴。也难怪，有几个人在看到钟表时，会想到女性的生殖器呢？特别是对一个清纯的少女而言。但弗洛伊德并不气馁，他换另一个话题：

“那我们再谈花盆和花瓶好了，你为什么害怕它们会在夜里摔落地面呢？”

少女说她想起小时候的一件事：“有一次我不小心跌倒，打碎了手上拿着的一个花瓶，割破了手指，流了很多血。我想大概是这个关系，所以会害怕花瓶摔落地面。”

虽然有点关系，但用来解释每天晚上必须将花瓶等搬到桌上还是太牵强。弗洛伊德说：“花盆和花瓶也可以是女性的象征。”

又是“性”的象征！少女不仅不悦，而且露出嫌恶的表情。

“这可不是我个人的奇想。”弗洛伊德和颜悦色地告诉少女，女方在订婚时打破一个花瓶或盘子是流行于很多地方的习俗，每个在场的男子都拿走一个碎片，表示他放弃这位名花有主的新娘。另外，花瓶被摔破了也有“失去贞操”的象征含意。

这比刚才说的像样一点，少女的脸色缓和了不少。沉默了半天，她忽然问弗洛伊德一个问题：

“听说处女在第一次性交时会流血，是吗？”

“大多数会因处女膜被穿破而流血，但也不能一概而论。你为什么问？”

“流血让我感到害怕；但我又担心自己在新婚之夜可能不会流血，而被认为不是处女。”少女说出她的忧虑。

“你害怕花瓶在夜里摔落地面，发出噪音，会打扰你的睡眠，事实上是相当不合理的。”弗洛伊德微笑说，“如果我们说你担心的其实是自己的贞操问题，应该不会太牵强吧？”

少女虽然表示怀疑，但已不像原先那样不以为然和抗拒。

第三次面谈时，弗洛伊德又回到钟表的问题上头。

“为什么我会说钟表是女性性器的象征呢？”弗洛伊德耐心地向她解释，“因为我以前治疗过一些女病人，她们会在睡梦中因为阴蒂的搏动而产生性兴奋，你知道她们梦见什么吗？”

少女睁大了眼睛。

“她们梦见听到敲门声或者钟表的嘀嗒声。”

少女微微摇头，露出一个浅笑。弗洛伊德向她说了很多他对梦的看法，少女好奇地听着，最后终于承认，她的确多次因诸如此类的性兴奋而从睡梦中惊醒，心中感到害怕。

弗洛伊德于是告诉她，她之所以让时钟停摆、手表远离床铺，并不是因为它们会“吵”得她睡不着觉，而是担心自己会产生性兴奋的防卫措施。

在分析的方向逐渐转移到性问题后，有一天，少女突然自行理解了另一个睡眠仪式的含意。她说：“我床上的长枕头代表女人，而直立的木头床背则代表男人，长枕头不能接触到直床背，是想将女人和男人分隔开来……”

“你说的男人和女人指的是不是你父母？你要他们在晚上不能接触，也就是希望他们不要性交？”弗洛伊德试探地问。

少女点点头。

“我想起来了，在几年前，我还没有产生这个睡眠仪式之前，曾经以更直接的方式来达到同样的目的……”少女说，“我假装害怕，而要求父母不要关上两个房间中间的门，这样我就可以‘监听’父母的可疑举动……我曾经因此而失眠了好几个月。”

即使到现在，“确保”她房间和父母卧室间的门半开着，仍是她的睡眠仪式之一。

“有时候，我更直接要求能睡在父母之间，让‘长枕头’和‘直床背’无法进行接触。”

在知道她有阻止父母性交的愿望后，接下来“抖动鸭绒被”的仪式就较容易理解了。

“你抖动鸭绒被，让鸭毛聚积在下部鼓起来，是怀孕的意思。而你又将它压平，意思是不想让你母亲怀孕？”弗洛伊德问。

“是的，”少女说，“我阻止父母性交的一个用意是担心母亲因此而怀孕，再生一个小孩，为我带来竞争的对手。”

那么小枕头斜放在长枕头上面，形成一个菱形，而她的头正好搁在菱形的中间，又是什么意思呢？

弗洛伊德认为，如果长枕头代表女人，那小枕头在其上所形成的菱形可能就是女性性器的象征，很多人在墙上涂鸦时，也是以类似菱形的图案来代表女性性器；而搁在菱形正中间的少女的头，则是男性性器的象征，在这个仪式中，少女扮演了男人的角色，也许她认同她的父亲。

“你和父母的关系如何？比较喜欢父亲还是母亲？”

“比较喜欢父亲。”少女说。

弗洛伊德已经知道，少女在进入青春期后，她和母亲相处得很不好，经常没来由地对母亲发脾气，可以说是这种“恋父恨母情结”的发作。

在进一步询问后，弗洛伊德发现这位少女对父亲有很强的性依恋关系，除了不时假装害怕而睡在父母之间外，在长大一点后，又抱怨说三个人挤在一张床上让她很不舒服，而要求母亲睡到别的地方去，好让她能单独和父亲睡在一起。

关于前面睡眠仪式的性含意，听起来似乎有点匪夷所思。的确，弗洛伊德也不得不承认，但这只是提出一个解释的方向：病人莫名其妙的举止和她的潜意识动因之间的关系，并非明确、一成不变的，但可以合理推测：它们都是绕着性在打转，有些是性欲的表示，有些则是对性欲的反抗，而再引进“恋父恨母情结”这个因素，似乎就更合理了。

这当然是一种病态。少女对自己的“病”有一种奇怪的看法，她说：“只要我有病，我就不能结婚。”

“我想你病得这么重并不是为了不结婚，而是为了仍然能和父亲在一起。”弗洛伊德说。

少女陷入了沉默。

“一个成熟的女人应该离开父亲，去找另一个和她相配的男人。”这是弗洛伊德给她的劝告。

弗洛伊德说对了吗？

最少，这位少女在经过一段时间的分析治疗之后，就不再有那烦琐而怪异的睡眠仪式，而让她的父母都松了一口气。

宗教仪式虽然烦琐，但只要信奉者一丝不苟地遵行，就能让他“安心”和获得“保证”——神明将赐给他平安幸福；但如果中间有什么差错，可能就会有他担心的不幸发生。

档案 19

奇异嗅觉的秘密

露西因化脓性鼻炎而接受D医生的治疗，但就在症状改善后，却抱怨说她觉得情绪低落、头昏脑涨、没有胃口、工作缺乏效率，更令人不解的是，她说她经常闻到一些特殊的气味，特别是“布丁的烧焦味”，但当时周围根本没有类似的气味来源。

“听说你经常闻到……”弗洛伊德一下子想不起来D医生告诉他的是什么气味。

“烧焦的布丁味。”坐在他面前的白皙女士说。

“对，烧焦的布丁味。”

弗洛伊德想起来了。这位女士名叫露西，目前在维也纳郊区一家工厂老板的家里担任保姆，因化脓性鼻炎而接受D医生的治疗，但就在症状改善后，却抱怨说她觉得情绪低落、头昏脑涨、没有胃口、工作缺乏效率，更令人不解的是，她说她经常闻到一些特殊的气味，特别是“布丁的烧焦味”，但当时周围根本没有类似的气味来源。D医生觉得这已经超出他的专业范围，所以将她介绍给弗洛伊德。

弗洛伊德先为她做了个简单的嗅觉测验，发现她根本无法分辨像阿摩尼亚或醋酸等气味的差别，嗅觉功能还严重受损，所谓“烧焦的布丁味”显然是一种主观的体验——也就是“幻觉”。它可能是心理因素造成的。

“这种症状有多久了？”

“有一段时间了，但到底多久，我也不太清楚。”

“你想它是从哪里来的？”

“我真的不知道。”露西一脸迷惑而又无辜的表情。

看来只有先帮助她恢复记忆了。弗洛伊德要露西躺在长沙发上，闭上眼睛，放松身体，然后他伸出一只手按在露西的前额，要她专心回想“什么时候第一次闻到烧焦的布丁味”……

结果仿佛奇迹发生一般，露西喃喃说：“哦，我记起来了，那是差不多两个月前，我生日的前两天……”

当时她正陪着男主人的两个小女儿在烹制布丁，邮差刚好送来一封信。她从邮戳及笔迹知道那是母亲寄给她的信。当她正想拆开来看时，两个小女孩忽然从她手中夺过信件，嚷着说："这一定是要祝贺你生日的，你现在不能看！我们替你保管！"

当她和两个小女孩追逐、争夺那封信时，突然闻到一股强烈的气味，原来被她们遗忘的布丁已经烧焦了。

"以后每当我心神不宁时，我就会闻到这种气味，而且越来越强烈。"露西说。

"有什么事情让你感到心神不宁呢？"弗洛伊德问。

"我和我照顾的那两个小女孩感情很好，但当时我正打算回到母亲的身边，一想到必须离开两个可爱的小女孩，我就觉得很伤心。"露西说。

"是你母亲生病了，或者年老寂寞，而要你回去和她做伴吗？"

"不是。"露西低声说。

"那你为什么非得离开孩子不可呢？"弗洛伊德有点不解了。

"因为我在那个家庭已经待不下去了。"露西说，脸上露出悲愁的神色。

原来在那个家里，还有一位总管、一名厨师和一个法国女管家，他们都联合起来，和露西站在敌对的立场，认为她的所作所为逾越了她的身份，而一再在孩子的祖父面前说她的坏话。当她向两位东家（男主人和男主人的父亲）诉苦时，也没有得到她所预期的对她的支持。

"所以，我向男主人提出辞呈，表明了……去意。"

"然后呢？"弗洛伊德觉得她在提到"男主人"时，声音不太一样。

"男主人要我最好再仔细考虑两个礼拜，再做决定。"

而就是在她处于这种不确定状态下，发生了布丁烧焦的事件。

弗洛伊德觉得事情显然没有这么简单，他问露西："除了你很喜欢她们外，还有什么特别的原因，使你觉得对孩子难以割舍？"

露西又说出了另一个原因："那两个孩子的母亲是我母亲的一个远亲，在她临终前，我曾经在她床边向她保证，我会竭尽所能照顾孩子，绝不会离开她们，会像一个母亲般照顾她们。但在我提出辞呈时，我已经违背了约定。”

事情总算有了一点眉目。

弗洛伊德向露西解释，当时她正处于“离开或不离开”的心理矛盾中，母亲的来信使这种冲突变得尖锐化，而在那时候闻到的“烧焦的布丁味”就成了这种心理冲突的一个象征。

“但这样的心理冲突是很多人都会遇到的，似乎不是什么‘难言之隐’，为什么你会将它排除在记忆之外，而只剩下烧焦的布丁味呢？”弗洛伊德看着露西，说，“显然是在这个心理冲突下，还隐藏了一个让你更不愿想起或者更大的痛苦。”

露西保持沉默，既不承认，也不否认。

弗洛伊德有了七成把握，他直截了当地说出他的推测：“我不认为你对孩子的感情是造成你困扰的所有原因，我相信事实上你是在爱着你的男主人，也许你不是很自觉到这一点，但你秘密地渴望成为孩子们的母亲却是事实。

“在和那个家里的其他用人和平相处多年后，你现在对他们的看法变得非常敏感，你担心他们已经察觉到你的梦想，而在作弄你。”

对这样的推测，露西只是简洁地说：“对，您说得没错。”

“既然你知道自己在爱着男主人，那你为什么不老实告诉我呢？”

“我不知道——也许是我不想知道，”露西说，“我想要将它抛诸脑后，不再去想它。而且我相信后来我真的做到了。”

露西说她并不是一个装模作样的淑女，她不觉得自己对男主人的爱意有什么见不得人，让她苦恼的是他们是一种“主仆”的关系，她在男主人面前无法像在其他男人面前一样自在而独立；而且，她只是一个贫穷人家的女儿，而他却出身高尚、家庭富裕。

“如果人家知道我在爱着男主人，恐怕会讥笑我不知天高地厚。”

“男主人曾经对你示爱过吗？”弗洛伊德好奇地问。

“他是一个严肃、工作过度、沉默寡言的男人。”露西如此描述她爱慕的男主人。

“在我刚到这个家当保姆的头几年，我尽心照顾孩子，对他也没有什么非分之想，生活非常快乐。直到有一天……他忽然找我做了一次长谈……”

露西似乎陷入了愉快的回忆中：“他一反常态，很诚恳、很温柔地对我说，他现在是如何依赖我来照顾两个没有母亲的女儿。我从他的话语和神情中看出了……特殊的意义。”

就是从那一刻起，露西爱上了男主人，开始编织她的希望。

“后来，他有没有更进一步的表示？”

“没有。”露西冷冷地说。

她一直期待能有另一次更亲密的接触，但却不得要领。于是只好慢慢地将这个念头抛诸脑后。

“你现在决定怎么做了吗？”弗洛伊德关心地问。

“我想我还是离开的好。当然，也不是说走就能走。”露西说。

“离开也是一个明智的决定。”弗洛伊德安慰她说，“既然你已有了决定，也知道事情的来龙去脉，你的症状应该很快就会消失。”

但事与愿违，露西还是情绪低落，“烧焦的布丁味”依然存在，虽然闻到的次数越来越少，气味也不像原先那样强烈。在随后的几次面谈中，弗洛伊德转而要露西回想她在那个家庭里的其他际遇，还有她和两个小女孩祖父的关系等，但却没有太大的进展。

圣诞节后，当露西又来找弗洛伊德时，她高兴地提起她从两位男主人那里收到很多圣诞礼物，甚至本来对她不太友善的其他仆人也都送她礼物。这似乎是个好现象。

“那你不再闻到烧焦的布丁味了吧？”弗洛伊德问。

“没有再闻到了，”露西说，“但现在却闻到另一种气味——雪茄烟的气味。”

露西解释说，这种气味其实以前就有，只是被“烧焦的布丁味”遮盖住而已，当布丁味消失后，“雪茄烟的气味”才变得明显起来。

弗洛伊德听了颇感挫折，因为这意味着他的治疗只是让病人从一个症状转移到另一个症状而已，真正的问题，真正的心理创伤显然还未获得解决。

他只好另起炉灶，要露西针对“雪茄烟的气味”，回想过去的经验中有什么跟这种气味有关。

但露西却说：“在我们的屋子里整天都有人抽雪茄，我实在不知道它和哪个特殊的场合有关。”说的也是，弗洛伊德的诊疗室里也经常弥漫着雪茄味。

于是弗洛伊德重施故技，再度让露西闭眼躺下，用手按在她的前额，要她专心回想。结果，露西说她眼前忽然浮现一个场景：

“那是家里的用餐室，我和两个孩子正等待两位男主人回来吃午餐。后来，我们围着餐桌坐下来，两个男主人、总管、法国女管家、两个孩子和我，像平常一样，没有什么特别的地方……”

“你再看仔细一点，一定有什么特别的地方。”弗洛伊德督促她。

“是的，”露西喃喃说，“我看到餐桌上另有一位客人，那是一个老会计师，是个熟客，像疼爱自己的孙子般疼爱两个小女孩。他经常到家里来吃饭，但没有什么特别……”

弗洛伊德暗示她：“你再好好想一想，当天一定发生了什么事……”

露西终于想起：在吃完饭后，当两个小女孩准备回到楼上的房间，而向会计师说再见时，老会计师弯下身来，想亲吻两个小女孩……

“男主人忽然火冒三丈，对老会计师咆哮：‘不要吻我的孩子！’……我觉得心脏好像被刺了一刀……当时，用餐室里正弥漫着一股浓烈的雪茄烟味。”

“心脏好像被刺了一刀”，这无疑是一个心理创伤，露西以闻到“雪茄烟的气味”来象征她这个心理创伤。

“这件事和布丁烧焦那件事，哪个先发生？”弗洛伊德问。

“它发生在先，比烧焦布丁大约早了两个月。”露西说。

“在这个事件里，男主人发火是针对老会计师，而不是你，你为什么会觉得是自己的心脏被刺了一刀呢？”弗洛伊德提出他的疑点。

“我觉得他不应该对一个老人、一个客人、一个他多年的朋友如此咆哮，他可以心平气和地说。”露西这样解释着。

弗洛伊德则提出另外的解释：“当时你心里是否在想，对一个多年老友和客人，他都会因一件芝麻小事而大发雷霆，如果我成了他的妻子，那我真不知道他会怎样对待我？”

“哦，不，”露西说，“事情不是这样。”

“但这跟他的粗暴行为有关，不是吗？”弗洛伊德说。

“是有关系，”露西说，“不过是跟孩子被吻有关，他一直不喜欢他的孩子被人家吻。”

弗洛伊德觉得他已经逼近了露西心理创伤的真正源头，他又将手按在露西的前额，要她再度回想。露西的眼前于是又浮现了更早以前的一幕往事：

就在更早的几个月前，一位男主人认识的女士来访，当那位女士要告辞时，她亲了两个小女孩的嘴。在场的男主人虽然极力克制，没有当场发作，但在女士离去后——

“他就将怒火全部发泄在我的头上。说以后如果有人再亲吻他孩子的嘴，他就唯我是问！不准任何人亲他的孩子是我的责任。”露西有点不甘心地说，“他还说……如果再发生类似的事情，就表示我玩忽职守，他会请别人来照顾他的孩子。”

“这使你遭受很大的打击？”弗洛伊德问。

“是的，”露西幽幽说，“这件事刚好发生在我们有过的那次亲密长谈后不久，我本以为他是爱我的，正甜蜜地期待另一次更亲密的接触时。我多么傻啊！他的火暴反应，无情地粉碎了我的希望和期待。”

当时，露西对自己说：“他为了这样的小事就对我发脾气、威胁我；而人家要吻他的小孩，为什么是我的责任？我一定是弄错了，其实他对我没有一丝温柔体贴；或者有人（其他仆人）告诉他要重新考虑对我的态度。”

几个月后，当老会计师的举动又引起主人的暴烈反应时，露西就觉得“心脏仿佛被刺了一刀”，因为它重新唤起了她内心的创伤。

事情至此终于真相大白。“烧焦的布丁味”和“雪茄烟的气味”的来龙去脉总算全部揭晓。弗洛伊德也了解到，上次露西告诉他说她已决定离开，事实上是有点言不由衷，她对男主人用情其实很深。

两天后，露西又来找弗洛伊德。弗洛伊德觉得她好像变成了另一个人，走路昂首阔步，脸上洋溢着愉快的笑容。

“你的美梦终于成真了？女保姆终于变成了男主人的未婚妻，我应该向你道贺啊！”

弗洛伊德以为她又和男主人深谈了一场，两人终于冰释误会，互诉衷曲，走出阴霾，看到了亮丽的阳光。

“什么事也没有发生。”露西摇摇头说，“您会这样想，那是因为您不了解我。您看到的我好像生病了，愁绪满怀，其实我一向很开朗。我昨天一早醒来，觉得心里再也没有什么负担，然后就一直保持愉快的心情。”

“那你对继续待在那个家里有什么期待吗？”弗洛伊德问。

“我很清楚我的角色，我没有什么特别的期待，我不应该让自己陷在不快乐中。”

“那你会和其他仆人愉快相处吗？”

“我想我的过度敏感要对过去的不愉快负很大责任。”

“你还爱你的男主人吗？”

“当然，我当然还爱他。不过这没有什么差别，毕竟，我可以拥有我自己的想法和感情。”露西很有自信地说。

弗洛伊德检查她的鼻子，发现她的嗅觉功能几乎已经完全恢复正常，也能够分辨一些强烈的气味。露西的化脓性鼻炎跟她奇异的嗅幻觉间到底关联到什么程度，弗洛伊德难以下断言，不过可以肯定的是，在心理方面，她已经痊愈。

因为四个月后，弗洛伊德和家人到某地度假时，又和露西不期而遇，露西的情况很好，她对弗洛伊德说，她已经完全复原了。

露西说她并不是一个装模作样的淑女，她不觉得自己对男主人的爱意有什么见不得人，让她苦恼的是他们是一种“主仆”的关系，她在男主人面前无法像在其他男人面前一样自在而独立；而且，她只是一个贫穷人家的女儿，而他却出身高尚、家庭富裕。

档案 20

咳嗽与珠宝盒

十二岁时，她开始出现偏头痛的症状，然后是神经质的咳嗽。家人带她去看过很多医生，但都没有什么效果。在进入青春期后，她和父母的关系变得很恶劣，经常和父母争吵，还留下遗书，企图割腕自杀。当她父亲责备她时，她竟倒在父亲跟前，昏死过去。

出现在弗洛伊德面前的是一个高大、发育良好、曲线玲珑的少女，一脸慧黠，褐色的眼珠里散发出愤世嫉俗的光彩。她，名叫杜拉。

杜拉是弗洛伊德以前治疗过的一个病人的女儿。杜拉的父亲在结婚之前就罹患过性病，婚后曾出现视网膜剥离和身体局部瘫痪的后遗症，弗洛伊德在六年前治疗过他，症状获得明显改善，已接近痊愈。

杜拉在十岁的时候，无意中听到父母在卧室里的谈话，知道父亲曾得过性病的真相，她极为震惊，一直担心自己的健康问题。十二岁时，她开始出现偏头痛的症状，然后是神经质的咳嗽。家人带她去看过很多医生，但都没有什么效果。

在进入青春期后，她和父母的关系变得很恶劣，经常和父母争吵，还留下遗书，企图割腕自杀。当她父亲责备她时，她竟倒在父亲跟前，昏死过去。

在弗洛伊德面前，杜拉以嘲弄的口吻提起以前治疗过她的那些“庸医”，弗洛伊德静静听着。心里想的是：真是个难缠的少女啊！她为什么这么愤世嫉俗？不太可能只因为父亲得过不名誉的性病而已，特殊的心态必然有特殊的原因。

在面谈中，弗洛伊德慢慢发现一条更有可能的线索：杜拉的家人和克劳斯夫妇有通家之好，两个家庭的关系密切，经常相互来往。但在看似和谐关系的背后，却隐藏了不可告人的秘密：

“克劳斯太太和我父亲私通，我几年前就知道了。”杜拉不屑地说，“我父亲因为工作的关系，经常要出差旅行，克劳斯太太也经常在那个时候不在家，两个人在外地幽会。”

是真有其事呢，还是只是一个犬儒少女的猜测？

“克劳斯先生也知道，但他不作声，仍和我们家继续来往，因为他对我另有图谋。”杜拉说。

关系似乎越来越复杂，但到底是怎么一回事呢？

“我本来也很喜欢克劳斯先生，觉得他是一个可亲的长辈，而他对我也很好。但在我十四岁的时候，他却露出了真面目……”

杜拉说，当时有一个宗教节庆，克劳斯说从他办公室的窗口可以俯瞰教堂的庆祝活动，他太太也要去，所以邀杜拉一起去观赏。但当杜拉抵达克劳斯的办公室时，却发现克劳斯太太留在家里没有来，而所有其他的职员也都上街去参加庆典了，办公室里只有杜拉和克劳斯两个人。克劳斯突然搂住她，将嘴压在她的嘴唇上，热烈地吻她。

“当时我非常震惊，立刻嫌恶地推开他，跑到大街上。”杜拉说。

“真的吗？”弗洛伊德以穿透性的眼光看着杜拉，问。

“真的，我发誓。”杜拉斩钉截铁地说。

但克劳斯对杜拉的图谋并没有就此终止。杜拉说不久前他和父亲到克劳斯夫妇在乡下的家游玩时，克劳斯邀她到附近散步，结果，克劳斯又再度用言辞对她做性的挑逗。

“我很生气，回家后就告诉母亲，拜托母亲转告父亲，请他出面，断绝跟克劳斯家庭的一切来往。”杜拉说。

“你父亲怎么说？”弗洛伊德好奇地问。

“我父亲当面质问克劳斯是否侵犯了我？但克劳斯却一概否认，将事情推得一干二净。”

克劳斯反而对杜拉的父亲说，杜拉是个情窦初开的少女，“满脑子充满性的幻想”。他说他看到杜拉在他的书房里偷偷翻阅《爱的生理学》及其他各种跟性有关的书籍，“一定是想太多了！”结果，原本受到性侵犯的她，反而遭到了羞辱。在无处申冤、有苦说不出的情况下，她的健康也跟着每况愈下。

弗洛伊德相当理解对性既好奇又恐惧、既期待又怕受伤害的少女情怀，也相当同情杜拉这种少女情怀被扭曲、被误解的委屈。但为了治好她的病，杜拉还是必须诚实地面对自己。

但杜拉抱怨说，自从她被克劳斯强行搂抱后，她的上半身就有一种“压迫感”，让她觉得很不舒服，这也是她的症状之一。

“杜拉，对于那次性侵犯，也许你压抑了某些让你感到更惊慌的记忆，而将压迫感从身体下部转移到比较容易说出口的身体上部。有没有这种可能？”弗洛伊德试探地问。

“您真正想要说的是什么？”杜拉问。

“当克劳斯热情地搂住你时，你感觉到的不只是他的嘴唇压在你嘴唇上的感觉，还有他勃起的性器压在你身体下部的感觉。”

“你这种说法令人嫌恶。”杜拉撇撇嘴，说。

“嫌恶这个字含有道德判断的意思，我们在这里要寻找的不是美德，而是真相——像你这么聪明而又美丽的少女，为什么会满怀愁绪、逃避社会、和父母争吵、甚至企图自杀的真相。难道我们不能怀疑你是在逃避你被克劳斯拥吻时，心里真正的感觉吗？”弗洛伊德冷静地说。

对此质疑，杜拉轻描淡写地说：“我不同意，也不反对。”

在接下来一两个礼拜的面谈中，杜拉的心思都放在对和她相关的人的抱怨和责备上头：她抱怨她父亲说谎、虚伪，瞒着家人和克劳斯太太私通；责怪克劳斯太太狡猾，当克劳斯在家时，她就装成病人躺在床上，但克劳斯一出门，她就立刻从床上跳起来，到欧洲各地和她父亲幽会；她痛骂克劳斯人面兽心，两次对她性侵犯，居然还装出一副无辜的模样。

她也抱怨她哥哥，在家庭的争端中，总是站在母亲那一边；最后，她责怪他母亲软弱无能，对父亲的奸情装聋作哑，虽然关心她的健康，但却只会埋头将家里清扫得一干二净。

弗洛伊德耐心地听她吐苦水、发牢骚。根据他的经验，当一个病人一再责备他人时，意味着他的内心其实也充满了自责。他早就看出，杜拉的言行之间存在着明显的矛盾，她也许自己没感觉到，但她的潜意识却在为此而自责。

譬如她说对克劳斯强行拥吻她极感嫌恶，但后来又为什么单独和他外出散步，而提供他另一次性侵犯的机会？又譬如她抱怨父亲没有认真处理克劳斯侵犯她的事——断绝和克劳斯夫妇的一切关系，但事实上，她也没有“认真处理”父亲和克劳斯太太私通这件事，因为如果她将这件事抖出来，两个家庭同样可能断绝关系。所以，在她内心深处，她毋宁是希望两个家庭能继续来往的。

要让杜拉撤去她的心防，了解自己幽微的心事，弗洛伊德找到了一条切入的线索——那就是她的神经质咳嗽。从杜拉的言谈中，弗洛伊德知道克劳斯太太经常卧病在床，她也有咳嗽的症状。杜拉是不自觉地透过类似的症状来“仿同”于克劳斯太太吗？

有一天，弗洛伊德问杜拉：“你说你的咳嗽通常一发作就会持续三到六个礼拜，你能告诉我，当克劳斯离家做商业旅行时，时间大概是多久？”

杜拉突然双颊飞红，然后低声说：“三到六个礼拜。”

为什么会这么巧？更巧的是杜拉的咳嗽常常是在克劳斯出发做商业旅行时开始的。杜拉为什么忽然不由自主地脸红？难道她的潜意识知道她的心事被看穿了吗？

“你自己还不知道吗？杜拉，你那神经质的咳嗽正是你在爱着克劳斯的证据，你在潜意识里一方面希望扮演他妻子的角色，一方面又盼望在克劳斯外出旅行时，克劳斯太太继续像你这样生病，当他回来时，克劳斯太太就必须继续卧病在床，这样一来，克劳斯就不会和他妻子做爱。你目前的病，事实上含有很复杂的动机，你想从中获取某些你想要的东西。”弗洛伊德说。

“我想获得什么？你把我当傻瓜吗？”杜拉很不以为然地说。

“不，杜拉，你是一个很有知觉力的人，但即使是最敏锐的人，在想了解自己的动机时，也经常遭遇困难。”

弗洛伊德说：“你还有一个动机是想借此破坏你父亲和克劳斯太太间的私情，如果你父亲因为看到你生病了，而终止了他和克劳斯太太的异地幽会，那就表示你的胜利。”

杜拉默不作声听着。

“你说你父亲和母亲间多年来已经没有亲密的夫妻关系，你为什么将你父亲和克劳斯太太间的关系形容为‘庸俗的爱’呢？”弗洛伊德问。

“因为她只爱我父亲的财力。”

“你是说你父亲给她钱，送她礼物？”

“没错。”杜拉说，“她比她丈夫所能提供的生活得更挥霍，买得起更昂贵的东西。”

“你能肯定你真正想说的不是刚好相反吗？你父亲其实是个没有‘财力’的——也就是性无能的男人？”

对这样赤裸的揭露，杜拉并没有产生太大的困扰，她直率地回答说：“没错，我一直希望我父亲性无能，这样他就无法和克劳斯太太性交。当然，我也知道要获得性满足并非只有一种方法。”

“你是说用嘴去获得满足？”弗洛伊德问，“我记得不久前你还告诉我直到四五岁时，你还很喜欢吸吮你的大拇指，你是从哪里获得口交的知识的？是偷看克劳斯书房里的《爱的生理学》吗？”

“老实说，我不知道。”

“在考虑到性满足的其他方式时，你是否想到你身上经常受到刺激的部位——也就是你的喉咙和口腔？你的咳嗽也许只是你从事性表达的一种方式，你潜意识对性的注意是集中在喉咙和口腔，而不是生殖器上面？”

很奇怪，在弗洛伊德指出这点后，杜拉那持续多年的神经质咳嗽就消失了。这证明弗洛伊德的猜测是对的。

几天后，当杜拉又来看弗洛伊德时，她笑着说："起先，我对您在提到身体部位时所用的语汇感到吃惊而心生防卫，但后来，我发现您纯粹是以临床观点来谈它们……"

弗洛伊德也笑着说："你的意思是说，我们将善良社会附加在这些东西上头的淫乱意味去除掉了？"

"是的。我想如果我们在这里的某些谈话被人听到了，很多人一定会觉得是大逆不道，但您是为了治疗病人才说这些的，您所说的远比我父亲、克劳斯和他们的男性友人所谈的要来得高尚，而且可敬。"

弗洛伊德觉得杜拉比那些盲目的卫道人士要明理得多。他们指责弗洛伊德在密室里和女病人大谈性问题，伤风败俗莫此为甚，但他岂是特别喜欢谈性？他不过是想解除病人的痛苦而已。

虽然杜拉的身心情况已慢慢获得改善，但心中依然存在着某个执念，她一直说："我永远无法原谅我父亲的外遇，我也不能原谅克劳斯太太。"

"听你的口气，好像是一个嫉妒的妻子。你不只是站在你母亲的位置来看你父亲，而且还站在克劳斯先生的立场来看他太太。"弗洛伊德说，"其实，你在扮演两个女人，一个是你父亲以前爱的女人——你母亲，一个则是他现在爱的女人——克劳斯太太。所以，在内心深处，你不只爱克劳斯，你更爱你父亲，这就是你痛苦的渊薮。"

杜拉听了，蹙着眉头良久，然后说："我可以承认。"

她终于一步步接近了潜意识的底层。几个礼拜后，她又向弗洛伊德透露一个一再发生的梦境：

"我梦见房子起火了，我父亲站在我床边将我摇醒，我火速穿上衣服，母亲则在一旁阻止，说她想找她的珠宝盒。父亲大叫：'我不想因为你找珠宝盒，而害我和两个孩子被活活烧死！'于是我们飞奔下楼，就在刚跑到外面时，我就惊醒了过来。"

这个一再发生的梦到底是什么意思呢？

弗洛伊德在《梦的解析》里，曾经说“每个梦都是愿望的达成，如果这个愿望是被压抑的，那么它就会以改装的方式来呈现”，杜拉的这个梦显然是一个经过改装的梦。

“梦中的珠宝盒是个关键，你母亲想要抢救的珠宝盒让你想到什么？”弗洛伊德问。

“克劳斯曾经送我一个昂贵的珠宝盒。”杜拉说。

“难道你不知道珠宝盒是女性性器的一个常见象征吗？”

“我就知道您会这样说。”杜拉轻笑。

“这表示你承认珠宝盒确实是女性性器的象征，你什么时候可能失去你的‘珠宝盒’——你的贞操？”弗洛伊德问。

“我和父亲到克劳斯家在乡下的房子时。”

“当时他再度引诱你，后来你父亲却不了了之，当时你心里想的是：‘如果我失去了贞操，那都是我父亲的错。’但这个想法在梦中以相反的方式来呈现——在火灾中，你父亲要抢救的是你，而不是你母亲的珠宝盒。”弗洛伊德说。

杜拉听得一头雾水，她不解地问：“当时母亲并没有和我们去乡下的那间房子，而且我的贞操为什么变成母亲的珠宝盒？”

“啊，大多数的梦，大多数的心理冲突都必须追溯到童年时代。你母亲和她的珠宝盒为什么会出现在梦中？”弗洛伊德解释说，“你曾经提到，小时候你母亲给你一个她不想要的手镯，让你觉得很不是滋味。我们只要将它的意念稍微颠倒，就变成你母亲守住她的珠宝盒（性器）不给人，不给谁？不给你父亲，不和你父亲发生性关系；而你在潜意识里则希望给父亲母亲不愿给他的东西，这是你的伊底帕斯情结，对父亲的乱伦渴望。”

杜拉尝试从弗洛伊德复杂的分析里了解自己复杂的心事。

“这里面还有一种平行的替换关系，只要将梦中的父亲替换成克劳斯，母亲替换成克劳斯太太，那它就变成：你想给克劳斯他太太不愿给他的东西。因为克劳斯送给你一个珠宝盒，你想以你的珠宝盒（贞操，性器）作为回报。”

简而言之，弗洛伊德要强调的是，这个一再发生的梦以隐晦的方式再次泄露了杜拉潜意识里的两个愿望：她对父亲的乱伦愿望，还有她对克劳斯的性愿望。“但从这个梦也让我了解到，当你面对克劳斯的性诱惑时，你召唤对父亲的乱伦欲望来抗拒对克劳斯的性欲望，而使你保持清白。杜拉啊，你必须正视你内心最深处的感情，你并不真正害怕克劳斯，你怕他吗？你害怕的是你自己，害怕你会屈服于他的诱惑。没有一个人能永远守住他内心的秘密。”弗洛伊德如是说。

杜拉不禁发出一声深深的叹息。

“我不想再守住我的秘密了，我很高兴它们都摊在阳光下。在我看过的那么多医生中，只有您能拆穿我，挖出我内心的秘密，也许您真的让我自由了。”

“但愿如此。”弗洛伊德说。

“啊，大多数的梦，大多数的心理冲突都必须追溯到童年时代。你母亲和她的珠宝盒为什么会出现在梦中？”弗洛伊德解释说，“你曾经提到，小时候你母亲给你一个她不想要的手镯，让你觉得很不是滋味。我们只要将它的意念稍微颠倒，就变成你母亲守住她的珠宝盒（性器）不给人，不给谁？不给你父亲，不和你父亲发生性关系；而你在潜意识里则希望给父亲母亲不愿给他的东西，这是你的伊底帕斯情结，对父亲的乱伦渴望。”

档案 21

小屋与草帽之梦

出现在诊疗室的是一个少妇，她患有空旷畏惧症——走到像广场之类空旷的地方就会心跳加快、呼吸急促、手心冒汗，而避之唯恐不及。

某天早上，一个男病人躺在长沙发上，向弗洛伊德报告他昨晚所做的一个梦：

“梦中出现两间富丽堂皇的建筑，好像是皇宫。在皇宫稍微后面一点的地方有一间小屋，小屋的门关着。我太太带着我走在通往小屋的小路上……到了小屋，我太太把门打开，我很快而且很容易就溜进里面的庭院，我发现那里有一个斜斜上倾的东西。”

病人在叙述完他的梦后，说：“我实在不知道自己为什么会做这样的一个梦？”

“每一个梦都有它的含意，只是我们不太了解而已。”弗洛伊德说，“你先想想看，梦中的景物让你想起什么？”

“两个皇宫间的小屋……让我想起巴拉格的炮台，它们有点像。”病人说。

“你是跟你太太去过那里吗？”

“没有。是我年轻时代自己去过的。”

“在做这个梦之前，也就是昨天，你有什么特别的经历吗？”弗洛伊德问。梦总是以当天发生的一些经历为材料。

“昨天嘛……我到书店买了一本书，碰到一个朋友……有一位女士到我家里来，昨晚就住在我家……”病人说出浮现在他脑中的种种经历，然后忽然加上一句，“对了，这位女士就是来自巴拉格。”

梦中出现类似巴拉格炮台的景物，病人的梦思显然跟这位女士有关。

“你对这位巴拉格来的女士有什么印象？”

“她长得很漂亮，也很丰满……”

“她让你产生性的遐思？”弗洛伊德问，他觉得快要抓住重点了。

“只是一闪而过。你知道，看到诱人的女性难免……”病人好像在辩解，“我太太就在旁边，怎么可能……只是一闪而过的念头。”

弗洛伊德微笑说：“我知道这个梦的含意了。它是愿望的达成，性愿望的达成。”

病人知道弗洛伊德经常将平凡无奇的梦解释得“活色生香”，但他实在看不出自己这个梦有什么“性”意味，他倒要听听弗洛伊德怎么解释。

“这个梦显示你有想和那位女士从事肛门性交的愿望。”

什么？这未免太荒唐了吧？病人心想。但那位女士的确很丰满，特别是她的两个臀部……

“破解这个梦的方法是要了解梦中所使用的性象征。”弗洛伊德说，“梦中的那两个皇宫，你用了‘富丽堂皇’的形容词，它们正象征那位女士丰满的臀部。而皇宫后面紧闭的小门，则代表了肛门。”

病人很有兴趣地听着。

“你刚刚说到你太太，在现实生活里，你太太当然不允许你和那位女士做这种勾当；但在梦中，却变成你太太主动引导你去和那位女士进行肛门性交。这不是你隐秘而狂野的愿望是什么？”

好像也有几分道理。但……病人好像想起了什么，问道：“那斜斜上倾的东西是什么？”

“就是阴道啊！”弗洛伊德以平板的声音说，“在臀部和肛门前面，斜斜上倾的就是阴道啊！你的潜意识很清楚它是什么，你怎么反而糊涂了？”

下午，出现在诊疗室的是一个少妇，她患有空旷畏惧症——走到像广场之类空旷的地方就会心跳加快、呼吸急促、手心冒汗，而避之唯恐不及。她接受弗洛伊德的治疗已有一段时间。

少妇说她昨天晚上也做了一个梦。

“什么样的梦？”弗洛伊德鼓励病人报告他们所做的梦，梦已慢慢成为他理解病人潜意识内涵的重要材料。

“我梦见那是一个夏天，我独自走在一条街上，头上戴着一顶形状奇怪的草帽，它的中间部分向上弯，有点翘起来，两边则向下垂……”

说到这里，少妇显得有点犹疑，接着说：

“其中一边好像比另一边垂得更低。草帽虽然有点奇怪，但却让我充满自信，而且兴致高昂。当我走过一群年轻军官时，我心里想：‘你们都不能对我有所伤害！’”

弗洛伊德觉得这个梦的关键在最后病人心里想的那句话。在此前的分析治疗中，弗洛伊德已经认为她的空旷畏惧症是因为她害怕在空旷之地受到不明男子的性侵犯或者诱惑。但为什么戴了一顶奇怪的草帽，就会“充满自信”，而觉得不会受到“伤害”呢？

“那顶奇怪的草帽，让你想起什么吗？”弗洛伊德问。

“我没戴过那种草帽，也没见过那种草帽。”少妇说。

“给你一个建议，”弗洛伊德说，“我觉得那是男性性器的象征。中间部分微微翘起，代表阴茎；而下垂的两边则是睾丸。”

少妇很不以为然。她不悦地说：“即使像你所说是男性性器的象征，为什么会戴在我的头上？这未免太荒谬了。”

“你没听过‘躲在一顶帽子下’这句俗话吗？它的意思是‘找一位丈夫结婚’。”弗洛伊德解释说，“戴在你头上的帽子，正象征你丈夫的性器。”

少妇紧绷着脸。

“这也说明了接下来的梦境，为什么戴着这样一顶帽子会让你充满信心、兴高采烈，而不怕那些年轻的军官呢？因为你丈夫有如此让你满意的性器，你不必渴望从那些军官那里获得什么，你可以免于他们的诱惑，所以你不怕他们。”

少妇忽然说：“我根本没有说梦中的帽子两边下垂这回事，你的推论是错的。”

但弗洛伊德不为所动。“你刚刚明明这样说，我确定我没有听错。你的否认只是在反映你的心虚。”弗洛伊德坚持道。

少妇沉默了好久。最后好像鼓足勇气，问了这样一个问题：

“我丈夫的睾丸一边比另一边低，这是不是不正常？”

弗洛伊德微笑说：“那可能是精索静脉曲张造成的，很多男人都如此。你放心，它不是什么问题。”

这正是梦中她所戴的草帽，下垂的两边一边比另一边低的来源。少妇这样问，等于承认弗洛伊德对这个梦的解释了。

“你没听过‘躲在一顶帽子下’这句俗话吗？它的意思是‘找一位丈夫结婚’。”弗洛伊德解释说，“戴在你头上的帽子，正象征你丈夫的性器。

“这也说明了接下来的梦境，为什么戴着这样一顶帽子会让你充满信心、兴高采烈，而不怕那些年轻的军官呢？因为你丈夫有如此让你满意的性器，你不必渴望从那些军官那里获得什么，你可以免于他们的诱惑，所以你不怕他们。”

档案 22

被父亲出卖的爱

根据父母的描述，他们的家庭环境不错，女儿长得是漂亮又聪明，但对男孩子似乎没有什么兴趣，也很少有同年纪的女友，以前喜欢跟一些生过小孩的妈妈们厮混，最近则迷上一个比她大十岁的“社会女性”，这个女人虽然很有名气，但根据父母的说法，她不过是个“高级妓女”，跟很多男人都有一腿，目前则和一个结过婚的女人同居，两人有很亲密的关系。

一对夫妻联袂来拜访弗洛伊德，丈夫说，不是他们夫妻有问题，而是他们十八岁的女儿和一个将近三十岁的妇人有暧昧的同性恋关系，他们无法接受这个事实，但又不知如何是好，所以来向弗洛伊德求救，看看能否将他们的宝贝女儿“导入正途”。

弗洛伊德觉得有点为难，因为同性恋并不像精神官能症，精神官能症病人会因为自觉痛苦、“有问题”而主动求医，但同性恋者却不见得有什么自觉的苦恼，让他们感到“苦恼”的毋宁是来自父母和社会的压力，根据他的经验，要将同性恋者“导入正途”，比要治好精神官能症困难得多。但他还是决定先听听“苦恼”的父母怎么说。

根据父母的描述，他们的家庭环境不错，女儿长得是漂亮又聪明，但对男孩子似乎没有什么兴趣，也很少有同年纪的女友，以前喜欢跟一些生过小孩的妈妈们厮混（父亲说：“当时我就怀疑她有同性恋的倾向。”），最近则迷上一个比她大十岁的“社会女性”，这个女人虽然很有名气，但根据父母的说法，她不过是个“高级妓女”，跟很多男人都有一腿，目前则和一个结过婚的女人同居，两人有很亲密的关系。

他们劝阻女儿不要和这种“邪恶”的女人交往，但怎么说都阻止不了她对那个女人的崇拜，她模仿那个女人的所有习癖，把握任何和她在一起的机会，可以在她家门外或电车站痴痴等候数个小时，送给她鲜花和各种礼物，而且公然和她在人来人往的大街上结伴而行，完全不顾路人异样的眼光。

“我不知道我女儿和那个女人的关系发展到什么程度，”父亲忧虑地说，“有一天，我在前往公司的途中，忽然看到她和那个女人迎面而来，我生气地瞪了她们一眼，我女儿竟冲出去，翻过一道墙，摔在地下铁通过的路堑上，居然想要自杀！结果因为背部受伤而在床上疗养了好久。”

“那是多久以前的事？”弗洛伊德问。

“已经半年多了，”母亲说，“等她复原后，我们更不敢再严厉地责备她，而她跟那个女人的关系也变得更加亲密。”

从谈话中，弗洛伊德约略了解到父亲对女儿的同性恋倾向极感痛苦和愤怒，不惜用尽一切办法来阻止。“如果都无效，那就找个男人和她闪电结婚！”他激动地说。母亲的态度则比较温和，她对女儿的情况也没有丈夫那样悲观，有时候还对女儿能自信地表达自己的感情颇为欣慰，当然她也反对女儿和那个女人交往，但主要是认为那有碍“社会观瞻”。

弗洛伊德最后说：“你们应该先问你们女儿愿不愿意来看我，如果她愿意，我可以试试。但你们不要抱太大期望，我只能说我会花几个礼拜或几个月的时间好好研究她，看能够影响到她到什么程度。”

不久，那个十八岁的少女单独来见弗洛伊德。

“我是为了父母的缘故才来接受治疗的，看到他们因为我而如此伤心，我觉得很痛苦。”她开门见山地说，“但我不觉得我有摆脱同性恋的迫切需要，我也无法感受其他形式的爱。”

弗洛伊德也单刀直入地问她和那个女人的关系。

“我们只有一些吻和一些拥抱，我对她的爱是纯洁的，事实上，我对任何性交的想法有一种肉体上的排斥。”少女毫不隐瞒地说。

这么说来，她父母所担心的事应该没有发生，依传统的定义，她还是个“处女”。

“你父母好像很担心你交往的那位女士？”弗洛伊德试探地问。

少女承认她所爱的那位女士名声不好，不过她替她辩解，说那是不幸的家庭环境所造成的，她并不以为忤，反而更加崇拜、欣赏她。

“大家对她有所误解，不是她引诱我，而是我主动接近她，我们每次在一起，她总是劝我不要将感情放在她或其他女人身上，除了让我吻她的手外，她拒绝我进一步的示好。在以前，她对我可以说是冷淡的，直到我自杀后，她才被我的真情感动，而对我较为友善。”

这和弗洛伊德原先所预期的有很大的出入。虽然在她和那位女士的关系中，她扮演较主动的角色，但严格说来，也只是有同性恋的倾向而已；而这样的关系，又为什么会严重到想自杀以明志呢？这是弗洛伊德想要解开的谜。

同性恋有先天和后天的因素，虽然不能排除先天的因素，但弗洛伊德在这方面能着力的很少，所以他在简单问了一些生理问题，觉得没有什么异常后，就把重点放在后天的因素上。

弗洛伊德从她的童年生活了解起。在几次面谈后，弗洛伊德发现在她的女性伊底帕斯期，她也崇拜、喜欢她的父亲，而把母亲视为潜在的对手，但后来，她就以年纪比她稍大一些的哥哥来替代父亲。在五岁左右，和她哥哥比较彼此的性器，曾留下深刻的印象。在求学的前青春期，她慢慢地认识到“性的真相”，心里产生既渴望又害怕、嫌恶的矛盾情感。但这些可以说都在“正常”范围之内。

比较值得注意的是，在十三四岁时，她忽然对一个三岁的小男孩产生强烈的关爱之情，定期到游乐场去看他，陪他玩。因为她对这个小男孩很好，结果就和他的父母建立了温馨的友谊。但过了一段时间，她忽然又对那个小男孩冷淡起来，而开始对三十到三十五岁、有小孩的妇女产生兴趣。这是关键性的转变，也是她父亲怀疑她有同性恋倾向的开始。

为什么会有这种转变呢？弗洛伊德颇感兴趣。

“当时是不是发生了什么事，而使你开始喜欢女性？”

“我母亲又怀孕了，在我十六岁时生下一个弟弟。”少女说。

弗洛伊德看到了揭开谜底的一线曙光。

“当初你为什么会对小男孩产生特殊的关爱之情呢？”弗洛伊德说，“我们可以假设那是你渴望做一个母亲，渴望有个小孩。”

对这个假设，少女并未加以否认。

“但你渴望做谁的妻子？生谁的小孩呢？”弗洛伊德解释说，“在女性童年的伊底帕斯期，小女孩幻想要做她喜爱的父亲的妻子，替父亲生个小孩。在你迈入情窦初开的青春期后，早年的伊底帕斯情结再度复活，你在潜意识里渴望做父亲的妻子，替他生个小孩。”

对这样的说法，少女只是淡淡地说：“这听起来很有趣。”

但弗洛伊德不予理会，继续说：“我说的是你无法自觉的潜意识渴望，但这个渴望无情地被现实摧毁了，因为真正替父亲又生个小孩的是你的母亲，你童年幻想里的竞争对手。在伤心与悲愤之余，你开始痛恨父亲和所有的男人，而将爱的对象转向女性。”

在当时欧洲有一位很有名的王室贵族是个男同性恋者，他为什么成为同性恋的呢？坊间传言因为他发现他所爱的未婚妻居然和另一个男人私通，由是变成一个“女性憎恨者”，然后进而成为男同性恋者。弗洛伊德认为她可能也有同样的“心路历程”。

“我们也可以说，你不再渴望有小孩了——所以你对那个小男孩忽然变冷淡了；你也不再爱男人了，你拒绝了你的女性角色，而开始扮演男人的角色——喜欢那些生了小孩的女性。这是潜意识里对父亲的报复。”

但后来她为什么又转而对那位没有结婚、也没有小孩的女士情有独钟呢？

“根据你的描述，你所迷恋的那位女士具有纤细的身材、精致的美丽、率直的作风，这不也正是你哥哥的特征吗？你小时候，曾将对父亲的崇拜和喜爱转移到这位哥哥身上，这位女士之所以让你痴迷，因为她同时满足了你的同性恋和异性恋渴望。”

但少女还是认为将她的同性恋归因于对父亲的不满有点牵强。

“我还有其他的线索，”弗洛伊德说，“因为社会的压力，多数的同性恋者都唯恐被人家发觉，但你却唯恐人家不知道，特别是唯恐父亲不知道。那一天，你父亲为什么会和你们不期而遇，是你故意经常在父亲公司附近出没，好让他看见的吧？你这样做的潜意识动机只有一个，那就是对父亲的报复。你的心里好像在说：‘既然你出卖了我，那你也必须忍受我对你的出卖！’”

对这样的说法，少女没有反驳。

弗洛伊德又提出另一个佐证：“人的心灵是非常微妙的，你父亲对你的同性恋倾向反应非常激烈，既伤心又愤怒，好像他在潜意识里知道，你的这种行为是直接针对他而来的。而你母亲则较为容忍，好像她在潜意识里也知道，你不再和她争夺父亲的爱，她可以松一口气。”

那为什么在和父亲不期而遇，父亲对她们怒目而视后，她会激动得想要自杀呢？

“那位女士对你父亲的怒目而视有什么反应？”弗洛伊德问。

“我坦白告诉她，那个人是我父亲，他禁止我和她交往。”少女说，“结果她命令我离开她，以后不要再等她，也不要再写信给她，我一时万念俱灰，所以想一死了之。”

听起来理由似乎相当充分，但弗洛伊德认为这只是表面的理由，它还有更深层的理由：

“你想借一死了之来对父亲进行最后的报复——这一切都是他的错；另一方面，那位女士所提出来的忠告——和她断绝一切关系，跟你父亲的说法几乎完全一样，这让你觉得对父亲报复的徒劳……这些错综复杂的原因一起涌上心头，逼得你走上企图自杀之路。”

在自己了解及让少女了解她走上同性恋之路的可能心理因素后，弗洛伊德请少女的父母前来，说他的治疗到此可以告一段落了。而少女则当面答应她父亲，不管如何，她都不会再去找那位女士了。他们称谢告辞。以后的发展如何，弗洛伊德就不得而知了。

档案 23

不敢单独进商店的女子

“医生，不知道为什么，最近一个多月来，每当我要走进商店买东西时，就会忽然变得很焦虑，心跳加快、手心冒汗，最后只能仓皇逃离。它造成我生活上很大的不便。”

走进诊疗室的是一个三十五岁的女子，显得有点局促不安。弗洛伊德露出一个友善的笑容，请她坐下。他和对方聊了一下逐渐转凉的天气，以消除她的紧张感。

“每个人都有一大堆问题，你的问题是？”

“医生，不知道为什么，最近一个多月来，每当我要走进商店买东西时，就会忽然变得很焦虑，心跳加快、手心冒汗，最后只能仓皇逃离。它造成我生活上很大的不便。”

听起来像是“畏惧症”，但为什么会对商店感到畏惧呢？当弗洛伊德问她是哪一类型的商店时，病人说只要是在建筑物里、有门的一般商店，不管卖什么，都让她感到害怕，而不敢进入。

“有人陪伴时，也不敢进去吗？”

“很奇怪，如果有人陪，我就不会害怕。但总不能每次要买个东西，就找人来做伴啊！”病人近乎苦笑地说。

弗洛伊德心里有了个谱，他告诉病人：她的症状一定是跟过去她单独进入某个商店的不愉快经验有关。

“让我们花点时间，将它找出来吧。”于是，弗洛伊德请病人躺到旁边的长沙发上，闭上眼睛，放松心情，随意回想过去到商店买东西的种种经历。

在说了几个不太相关的经验后，病人想起了一件事：

她说几个月前，她到一家商店买东西，店里的两个男店员忽然对她发出嘲弄的笑声，好像在笑她的穿着。当时她觉得很丢脸，就惊惶地逃离那家商店。

“你为什么那么在意男店员的嘲笑？”弗洛伊德问。

“因为……”病人迟疑了一会儿，说，“因为我喜欢其中一个男店员，受到他的嘲笑，心里很不是滋味。”

“你当天穿什么衣服？请尽量回想。”

病人闭眼回想，良久，说：“我记得我穿着一件白衬衫、一件粉红色的裙子，系着一条红色的腰带。”

这样的穿着很得体，甚至还有不错的品味啊。为什么男店员会加以嘲笑？或者病人觉得自己被嘲笑？这个记忆虽然跟她目前的症状有点关联，但显然还不至于造成严重的“商店畏惧症”，那真正的病因应该发生在更早以前，埋藏在她内心的更深处。

在第二次面谈时，弗洛伊德要病人回忆更早以前、甚至是童年时代和商店有关的经验。

花了不少时间，病人终于回忆起她八岁的时候，单独一个人到她家附近的一间糖果店买糖果……躺在长沙发上的她不安地挪动她的身体。

“当时一定发生了什么事？”

“那个老板是个中年男人，他乘着店里没人，竟然伸手按在我的内裤上……用手指挖弄我的下体。我当时吓得立刻逃开。”病人的声音里充满惊惶。

这的确是一种心理创伤。弗洛伊德看过不少患歇斯底里和畏惧症的女病人，在深入分析后，发现其中有很多人在童年时代都曾经受过性侵犯，虽然他后来觉察到这些性侵犯有的只是病人的幻想，不过也让他因此而产生“儿童性欲”的观念。为什么儿童会有这方面的幻想呢？别看他们天真无邪，儿童其实也有性欲，只是一向被我们忽略而已。

他先不追究这位病人在八岁时遭受性侵犯是真实的还是幻想，而顺着她的描述问：

“后来你有再到那家糖果店吗？”

“一个礼拜后，我又去买糖果，谁知道那个老板又对我伸出魔手，而且玩弄得更久……”病人喃喃说，“他以为我喜欢他这样做，真是禽兽！我吓坏了，吓坏了！”

病人在说这些话时，显得非常不安而激动。弗洛伊德让她尽情宣泄跟这次经验有关的负面情绪，只有彻底发泄，才能消除她对商店莫名其妙的畏惧。

当病人慢慢恢复平静后，弗洛伊德开导她，事情已经过了那么多年，她不必再像个无助的小女孩那样惊惶害怕。现在的商店里没有让她畏惧的老板，她大可轻松自在地走进去。

但过没多久，病人又来到弗洛伊德的诊疗室，说她这几天尝试了好多次，还是没有办法一个人单独走进商店，还是会感到惊惶害怕。

难道还有更深层、更不可告人的原因吗？弗洛伊德虽然觉得她八时岁单独到糖果店去，结果受到老板性侵犯的事件可能不是幻想，但却怀疑她对那次事件可能有所隐瞒。他要她再度回到那个场景中，想到什么就说出来，不要有任何压抑。

病人说的还是跟上次大同小异。

弗洛伊德想到他上次已经有所怀疑，但并未深究的一件事：

"既然你第一次去受到老板的性侵犯，吓得要命，为什么一个礼拜后，又单独一个人去那家糖果店？"

"我以为他不会再侵犯我……"

"真的是这样吗？虽然你上次以愤怒的口吻说：'他以为我喜欢他这样做！'但多数头脑清楚的正常人，都会认为你既然这么讨厌，却又自己送上门来，是有点矛盾啊！你必须诚实面对自己的情绪，这样才能获得彻底的解脱。"弗洛伊德一点也不放松，严肃地逼问她。

"我……我……"病人有点迟疑，那是在抗拒。

"为了你好，请老老实实说出来。"

"我想，"病人叹了一口气，羞惭地说，"当时也许是希望再度受到侵犯，所以才再……"

性侵犯虽然让儿童饱受惊吓，但有些儿童还是会感到兴奋。在上次的治疗中，病人只发泄了她的“惊吓”，却没有处理“兴奋”的问题。

“虽然有些反应不是出于自己所愿，但却是自然的反应。你对自己的反应和希望再度受到侵犯的想法充满罪恶感？”弗洛伊德平静地问。

病人无言地点点头。

“我终于知道你不敢单独进商店的真正原因了。”弗洛伊德说，“那不只是害怕，还有罪恶感。不错，几个月前你受到两个店员嘲笑的事件与此有关，但那只是挑起童年创伤的导火线。”

“只因为男店员嘲笑你的穿着就不敢进商店，这个理由太牵强了。真正的原因是你在潜意识里渴望你喜欢的男店员能够像八岁时的那个老板，在店里触摸你的私处。这样的渴望让你感到害怕而又充满罪恶感，所以就以非理性的焦虑和畏惧来阻止它的实现。”

病人静静听着，似乎想尝试去了解自己不自觉的复杂心事。

“你认为自己还会像八岁时一样吗？”弗洛伊德问。

“当然不会。”病人肯定地回答。

“所以你其实不必再用不敢单独进商店来逃避。你要相信在商店里若再受到非礼，你可以处理得很好。”

过了一阵子，病人来向弗洛伊德道谢，说她的“商店畏惧症”已经消失了，她又能像一般人一样，自由自在地到任何商店买东西了。

这证明弗洛伊德的推理是正确的。人类的心灵是极其复杂的，一个刺激往往会引起正反两面不同的情绪反应，我们往往只注意到其中之一，而忽略了另一个、但也许是更重要的反应。他不禁想起以前看过的一个病人：

病人是个未婚的年轻女性，和姊姊、弟弟住在一起。她有一种类似“妄想”或“幻听”的症状，会听到邻居们在她背后说她是一个“坏女人”，“被以前住在她家的一个男人抛弃”……这些“闲言闲语”让她感到非常懊恼，但过一阵子，她的头脑就清醒过来，觉得她“听到”的并不是真的，而又恢复正常的生活。但再过一阵子，她又“听到”那些批评她的话。

她在接受弗洛伊德治疗的时候，说以前确实有一个年轻男子在她们家里租了一个房间，住了一年后，出外旅行，回来后停留了几天，然后就离开了。她和姊姊都说和这个男人相处得非常愉快，但就像兄妹一般，并没有男女恋情。

弗洛伊德和病人恳谈了好几次，但都没有什么重大的发现。倒是病人的姊姊向弗洛伊德透露了一件奇怪的事：

“当那个男人还住在我们家时，有一天妹妹（即病人）告诉我，说她早上去整理房间时，那个男人还躺在床上，叫她过去，当她走过去时，他突然拉住她的手，将他勃起的阳具放到她手中。当时她吓了一跳，呆了一会儿，旋即夺门而出。然后就跑来告诉我，妹妹说：‘他想要给我麻烦！’

“后来我妹妹病了，我想跟她谈这件事，但她却否认发生过这回事，而且也否认她曾经告诉我有这回事。”

当弗洛伊德再度询问病人，或要她躺在长沙发上自由联想，病人也都否认或想不起有这回事。但弗洛伊德宁愿相信姊姊说的才是真的。

根据他的推理，当那个男人突然将勃起的阳具放在她手掌中时，病人可能产生兴奋的感觉（这其实是自然的反应），但随之而来的罪恶感却让她产生自责，结果是她的意识完全否认发生过这回事，不过潜意识里的自责无处发泄，遂被外在化成邻居们说她是个“坏女人”。

弗洛伊德并没有治好这位病人，因为她一直无法面对自己在遭受性侵犯时曾产生性兴奋这回事，干脆全盘否认了自己曾遭受性侵犯。

人类的心灵是极其复杂的，要诚实地面对自己所有的心理反应，确实不是一件容易的事。

档案 24

害怕被马咬的小男孩

“他现在不敢上街去，因为害怕会被马咬”。

“被马咬？”弗洛伊德有点好奇。虽然当时维也纳街上有不少马车，有人担心被撞上，但为什么会担心“被咬”呢？

“他对马的恐惧越来越强烈，他不敢和保姆到公园里玩，连星期天我要带他出去走走，他也说不要。”格拉弗担心地说。

三十三岁的格拉弗博士是维也纳知识界和文化界的俊彦，他同时拥有法学学士与音乐学博士的双重学位，在一家大学里教音乐，在很多报章杂志上写文章。他是弗洛伊德“周三会”（一群以医生为主的知识分子，每个礼拜三晚上定期在弗洛伊德家中聚会，讨论精神分析与其他学术研究）的成员之一，也经常邀请弗洛伊德和他的妻子玛莎去听音乐会。

有一天，格拉弗向弗洛伊德透露：他有一个四岁半的儿子，名叫汉斯。汉斯很聪明，但最近却显得焦虑不安，情绪低落，“他现在不敢上街去，因为害怕会被马咬”。

“被马咬？”弗洛伊德有点好奇。虽然当时维也纳街上有不少马车，有人担心被撞上，但为什么会担心“被咬”呢？

“他对马的恐惧越来越强烈，他不敢和保姆到公园里玩，连星期天我要带他出去走走，他也说不要。”格拉弗担心地说。

“汉斯曾被马咬过吗？或是被其他动物咬过？”弗洛伊德问。所谓“一朝被蛇咬，十年怕草绳”，今日的畏惧往往是来自昨日惨痛的经验。

“没有。他没有被马或其他动物咬过，也没有被马惊吓过，”格拉弗想了一下，说，“只有一次例外，有一天，她和他妈妈走在街上，看到一匹拉着公共马车的马突然倒在地上，无助地踢着它的腿，好像就要死了。他当时似乎受到不小的冲击。”

这可能是一条重要的导火线，但在导火线后面，应该还有一个更重要的起火源。

“汉斯对动物有什么特别的地方吗？”弗洛伊德先从导火线的周边找起。

“他好像对动物的性器——照他的说法，是‘小便的东西’——特别感兴趣，我们带他去动物园时，他最先看的就是每只动物‘下面’的器官。他也一再问他妈妈是否有一根鸡鸡或‘小便的东西’……”

这是因性好奇而开始性探索的小男孩常有的表现，只是汉斯也许比其他人来得强烈。

“对了，有一次他还误以为母牛的乳头是‘小便的东西’，而问我说里面为什么会跑出牛奶来？”格拉弗说，“在妹妹出生后，那时候三岁半的汉斯，经常站在旁边看妹妹洗澡，想找她‘小便的东西’。”

“你儿子正想解决‘人从哪里来？’这个伟大的谜题哪！”弗洛伊德笑着说，“它跟古希腊底比斯城人面狮身像所提出来的谜题是一脉相承的。它是启发儿童心智力量的第一个问题。”

这样的恭维并没有让格拉弗开心，他反而有点担忧地说：

“但也许太有兴趣了，所以我和我太太都无法让他的手离开他的小鸡鸡哪！”

“你们什么时候发现他会手淫？”

“大概三岁的时候，我太太发现他在玩自己的鸡鸡。”

“你太太的反应是？”

“她威胁他说：‘如果你再玩你的鸡鸡，我就要把它割掉！’”

“我想这是一个严重的错误，”弗洛伊德说，“它会让汉斯产生我所说的‘去势焦虑’呀！汉斯目前对马的畏惧说不定就和这个有关。”

儿童自慰是相当普遍的事，特别是男孩子。汉斯从自慰里获得了快感，他觉得鸡鸡是身上最宝贵的器官，所以会特别去留意其他人和动物“小便的东西”。他在手淫时被母亲发现了，“你再这样，我就要把它割掉”，虽然只是一种口头威胁，但对汉斯小小的心灵来说，却是真实的恐惧和焦虑的根源，因为他注意到女孩子和有些动物并没有像他一样的“小便的东西”。为什么没有？说不定就是被“割掉”的。

提到性器，格拉弗忽然说：“我想汉斯似乎被什么特大号的阳具吓到了，据我所知，马的阳具是很大的，在维也纳的街上到处有马在跑，汉斯看到它们的大阳具，受到了惊吓，所以才会怕马，不敢上街。”

“但他是怕被马咬啊！”弗洛伊德说，“不过你的看法倒是触发了我的灵感。汉斯和你们夫妻的关系如何？”

“汉斯喜欢黏着我太太，他一看到母亲走远，就会哭闹，而我太太总是会跑过去，将他搂在怀里哄他。有时候在深夜或早上，他会跑进卧室，说他很害怕，我太太就会温柔地将他拉到床上，让他贴着她的身体，安慰他。我倒像是一个碍手碍脚的人哪！”

弗洛伊德露出一个微笑，胸有成竹地说：“你对我所说的‘伊底帕斯情结’应该不会陌生吧？汉斯正是一个小小的伊底帕斯啊！他依恋他母亲，但却觉得你这个做父亲的碍手碍脚啊！”

“但这和他的畏惧症有什么关系？”格拉弗不解地问。

“人类的心灵经常以一种东西来替代另一种东西，你刚刚提到有大阳具的马，”弗洛伊德解释说，“在汉斯小小的心灵中，马就是你这个父亲的替代物。”

父亲有大阳具，马也有大阳具，大概就是这个意思吧！

“你不是说汉斯和母亲在街上曾看到一匹马摔倒，奄奄一息吗？”弗洛伊德说，“汉斯也许希望你这个父亲就像那匹马一样，有个三长两短。”

格拉弗苦笑。但希望父亲“消失”掉，好让他能单独占有母亲，确实是很多“伊底帕斯期”男童心灵中幼稚的想望。

“这虽是儿童狂野的愿望，但也让他产生罪恶感，因为父亲毕竟也是他生命中重要的人呀！罪恶感使他害怕受到惩罚，也就是被马咬。”

“为什么是被马咬？”格拉弗问。

“怕被马咬掉他的鸡鸡。马还是你，他是怕被你去势呀！不要忘了，你太太的威胁一直让他担心。汉斯对母亲有一种模糊的性欲，而祸源就是他的鸡鸡，所以他担心被你去势。当然，他的不敢上街也有一个附带收获，那就是他可以和母亲厮守在一起。”

格拉弗至此总算明白了自己五岁儿子“复杂的心事”。

弗洛伊德对格拉弗说，要开导这么小的孩子，父母远比医生来得适当。于是，格拉弗和妻子耐心而慈蔼地向汉斯解释男生和女生的不同、女生为什么没有像他一样的鸡鸡、女生没有鸡鸡并不是被割掉的……然后，以一个五岁小孩听得懂的语汇，他们尝试让他理解，男孩子喜欢母亲、渴望母亲的搂抱、想要取代父亲的地位，这些想法也都是很自然的；但要拥有母亲的爱，并不一定要让父亲消失，因为父亲也是爱他的……

几个月后，格拉弗来向弗洛伊德报告说，汉斯不再怕被马咬了，也不再问“小便的东西”和“小孩从哪里来”这类的问题；他可以自由自在地随家人上街，吃得好、睡得好，又成为一个活泼快乐的小孩。

儿童自慰是相当普遍的事，特别是男孩子。汉斯从自慰里获得了快感，他觉得鸡鸡是身上最宝贵的器官，所以会特别去留意其他人和动物“小便的东西”。他在手淫时被母亲发现了，“你再这样，我就要把它割掉”，虽然只是一种口头威胁，但对汉斯小小的心灵来说，却是真实的恐惧和焦虑的根源，因为他注意到女孩子和有些动物并没有像他一样的“小便的东西”。为什么没有？说不定就是被“割掉”的。

档案 25

两个我的冲突

“我的脑海里一直盘踞着一个可怕的念头，”三十岁左右的O女士说，“想从我住的公寓大楼的窗户或阳台往外跳。

“我还有一个更可怕的念头：每当我走进厨房，看到一把尖锐的刀子时，我就担心可能会用这把刀子刺死我的孩子……”

“我的脑海里一直盘踞着一个可怕的念头，”三十岁左右的O女士说，“想从我住的公寓大楼的窗户或阳台往外跳。”

“你知道这样做的后果吗？”弗洛伊德问。的确是相当可怕的想法。

“我知道后果将是粉身碎骨，”O女士无奈地说，“但这样的念头却挥之不去。有时候还会变得非常强烈，我只好将通往阳台的门上锁，用椅子堵在窗边，以免自己一时想不开，后悔莫及。”

“你结婚了吧？”弗洛伊德岔开话题，想转移一下病人的心思。

“结婚五年多了，有一个孩子。”O女士说，“我还有一个更可怕的念头：每当我走进厨房，看到一把尖锐的刀子时，我就担心可能会用这把刀子刺死我的孩子……”

她要不是想自杀，让孩子成为无母的孤儿，就是担心亲手杀死孩子。

“你有这种想法多久了？”弗洛伊德问。

“大概一年半了。”O女士说。她那一张原本应该还年轻的脸显得紧张而憔悴，很显然，这两个可怕的念头已经逼得她都快发疯了。而她，当然是不知道自己为什么会有这种可怕的念头了。

果然，“医生啊，这到底是怎么一回事？”她无助地问。

“答案是你的生活一定很不快乐。没有一个年轻、快乐的人会想要跳楼自杀或亲手杀死自己的小孩。”弗洛伊德肯定地说。

“我有什么好不快乐的呢？大家都说我的生活幸福美满。”O女士苦笑。

“别人说的不算数，重要的是自己的感觉。如果你觉得不快乐，但别人却认为你应该快乐，那会是更大的折磨。”弗洛伊德说，“根据我的判断，你的不快乐一定跟你的婚姻有关。只有婚姻出了严重的问题，才会让你想要摧毁自己和婚姻的结晶。”

O女士没再说什么，似乎默认了弗洛伊德的话。

弗洛伊德趁热打铁，对她说："医生与病人之间必须诚实，无所隐瞒。现在就请你躺在旁边的这张长沙发上，说出浮现在你心中的景象，想到什么就说什么，不要刻意去检查或隐瞒。"

O女士依言躺下来，说了一些她丈夫和孩子的事，但听不出有什么让她特别不快乐的地方。

"说说你自己，我觉得你好像在回避自己，"弗洛伊德引导她，"你已经被逼得快发疯了，重要的是你自己的感觉，真正的感觉。"

经过一段漫长的沉默后，O女士终于用类似耳语的声音说："在我裙子底下……某个东西……有一种驱迫性的感觉……"

"你知道那个东西是什么，对吗？"

"……是的。"O女士蚊声回答。

"现在请你告诉我你婚姻的真相，你自己真正的想法。"

O女士似乎不再有所顾忌，眼里含着泪水，激动地说："我丈夫几乎不再和我做爱，他不想要我！自从小孩出生后，已经三年了！这中间虽然偶尔尝试过几次，但都是半途而废！"

又是一个性欲求不满的妻子。弗洛伊德闷闷地抽着雪茄。O女士稍稍恢复了平静，有点不解地说："但我自问并不是一个追求感官快乐的人，为什么这样就会让我产生自杀的念头呢？"

"当你看到或和让你心动的男人在一起时，你对他们难道没有过性的绮思吗？"

"有……性的绮思……裙子底下的某种东西让我身不由己。"

"换句话说，你幻想能和别的男人做爱。你对自己的这种幻想有什么看法？"

"每当想到这些，我就会羞愧得无地自容，觉得自己不是一个好女人、好妻子。”

“我想你面临了本我和超我之间的严重冲突。”

弗洛伊德向她解释，每个人的内心都有三个“我”：一个是依“快乐原则”行事的“本我”，一个是依“道德原则”行事的“超我”，一个是依“现实原则”行事的“自我”，这三个“我”经常处于冲突状态中。

性欲是一种自然本能，当她的性需求无法获得满足时，她裙下的“东西”会有驱迫感、会幻想和别的男人做爱，这是她旺盛“本我”的一面；但她因此而羞愧、自责，表示她也有非常强烈的“超我”。她的心灵因此而成为“本我”和“超我”的激烈战场。

“道德意识浓厚的‘超我’想要惩罚、毁灭不知廉耻的‘本我’，是让你产生想要跳楼自杀和杀死自己小孩冲动的潜意识原因；但想要杀死小孩，也有部分原因可能是来自‘本我’的攻击欲望，因为小孩是让你极度不满的婚姻的产物。”

“那我该怎么办？”O女士问。

“你应该强化你的‘自我’。‘自我’负责协调‘本我’和‘超我’的不同需求，它是让我们在现实世界里活得快乐的最大力量。”弗洛伊德说，“依我看，你的‘超我’是绝对不容许你真的去找别的男人或者和丈夫离婚的。”

O女士点点头。

“而你也不可能完全压制你的‘本我’，做到真正的清心寡欲。”

O女士再度点点头。

“那怎么办呢？只有让这两个极端取得妥协，衡量各种因素，最实际而可行的方法是鼓励丈夫更频繁、更成功地和你从事性活动，也许你可以想办法增加让丈夫动心的魅力；有些人则是借从事其他有意义的活动来升华自己的性欲；如果还是无效，那就求人不如求己，也许你的‘超我’无法同意你自慰，但那总比外遇、离婚或逼得你发疯来得好，这就是妥协，‘自我’的现实原则。”

O女士低垂着眼帘，似乎在思索。当她向弗洛伊德道了谢，起身离去时，弗洛伊德看着她的背影，想起很久以前的一个女病人——

那是他刚当医生不久，一位妇产科的前辈因为工作繁忙，而将一个女病人介绍给弗洛伊德，转由他去照顾。妇产科医生对弗洛伊德说：“你不必做什么特别的事，只要定期到她家里去探望她，表示关心她就可以了。”

弗洛伊德觉得奇怪，妇产科医生无奈地说：“她只是有点郁闷、有点歇斯底里，原因是她的丈夫性无能。她需要的处方是：‘药名，一根正常的阳具；剂量，重复投与。’对这样的病人，我们能做什么呢？”

当时，弗洛伊德除了对那位女病人表示不着边际的“人道关怀”外，确实什么事都没做，什么话都没说。

但如今，他的临床经验丰富了，看了太多为性而苦恼的病人，有了自己的想法，他对O女士说了很多话，也提出了各种建议，衷心希望她能找出一个最妥善的安性立命之道。

每个人的内心都有三个“我”：一个是依“快乐原则”行事的“本我”，一个是依“道德原则”行事的“超我”，一个是依“现实原则”行事的“自我”，这三个“我”经常处于冲突状态中。

档案 26

妻子的身体与微笑

“我经常觉得我太太好像对别的男人表现出太多的好感。

“譬如说我发现当她和别的男人在一起时，会将身体向对方靠得太近，或有意无意地用手去碰触对方；而且，我发现她和别的男人比和我在一起时，微笑的次数更多、也更愉快。”男子说。

“我觉得我可能有点问题。”

一个年轻男子在坐定后，看了弗洛伊德一眼，这样说。

“知道自己有问题，是解决问题的第一步，你觉得你有什么问题？”

“那是关于我太太，我经常觉得她好像对别的男人表现出太多的好感。”

“譬如什么？”弗洛伊德问。

“譬如说我发现当她和别的男人在一起时，会将身体向对方靠得太近，或有意无意地用手去碰触对方；而且，我发现她和别的男人比和我在一起时，微笑的次数更多、也更愉快。”男子说。

“你认为这是她喜欢对方的一种讯号，在你不知道的时候和地方，你太太和对方可能就会有进一步的关系，甚至性交？”

男子苦笑，等于是默认了。

“但是你没有任何证据能证明他们有这种关系？”

“我只是这样想……”男子闷闷地说，这种“想法”显然为他带来不少痛苦。

“你所说的‘别的男人’是否有什么特别的对象，譬如说你太太的某个男同事，或是你们的某个亲戚、朋友、邻居？”

“没有特别针对某个男人，只要是年纪跟我差不多、条件还可以的男人，多少就会让我产生这种感觉。”

“你觉得你太太是个轻佻、随便的女人吗？”弗洛伊德问。

“不是。老实说，我太太有点古板、严肃。”

难怪他会说“觉得自己可能有点问题”。“问题”的确是出在他身上，弗洛伊德知道，人类虽然文明化了，但像动物世界那样的“性竞争”依然是存在的，只是没有那么公开化、那么巧取豪夺而已，但正因为“私密化”，而平添忧虑，有不少男人唯恐自己的妻子“走私”或被别的男人“染指”，而百般防范，密切注意各种可能的蛛丝马迹。

如果自己的条件差，不是性竞争场上的“适者”，这种忧虑和防范就会加剧。但眼前这位男子，长得高大而英俊，绝非“劣品”，为什么会有这种过度的忧虑和防范？

“这种情形有多久了？”弗洛伊德问。

“从结婚一年后就开始，不过并不是一直存在。”男子说，“是隔了一段时间才会出现，持续个几天，自己陷入痛苦的泥沼中，但后来忽然想通了，觉得是自己多心……于是又没事般地过一段时间，然后又发作。”

“你们的性生活如何？”

有些男人因为自己性演出的能力有问题，担心欲求不满的妻子会去找别的男人；或是因为妻子在床第间表现冷淡，因而怀疑她心中另有所欢，也是常见的事。

“这要怎么说？总的说来应该还不错。”男子说，“我觉得有一点奇怪，就是每当我们有了一次完美的性交，我和妻子都觉得心满意足的第二天，我就特别容易觉得妻子对别的男人表现出太多的好感。”

这的确是很奇怪。一般说来，应该是在让双方都觉得很不满意的性交之后，才较容易产生那种怀疑的。这位男子为什么和人家刚好相反呢？

“你是否在心里另有喜欢的女人，或者幻想和别的女人做爱，希望像别的男人一样在外面拈花惹草？”弗洛伊德想起以前看过的那对军官和岳母，一个人如果在潜意识里有想要外遇的冲动，那他可能将这个念头外射到配偶的身上，觉得配偶有外遇的念头。

“老实说，我以前曾经背着妻子和一个女人偷偷交往了一段时间，但后来觉得这对自己可能不利，就毅然终止了那段婚外情。我现在自问没有那种念头。”

他说得很坦然，在这方面似乎没有什么压抑。一些可能的原因都被排除，看来只好另起炉灶了。弗洛伊德于是要他躺在长沙发上自由联想，看看能不能找到一些相关的心理线索。

在男子众多的回忆中，弗洛伊德发现，他和父亲的关系很淡薄。据他说，他父亲在家里没什么地位，是个“可有可无”的人；而他母亲则居于主导的地位。他从小就相当依恋母亲，也受到母亲的操控，不过他却甘之如饴，因为母亲说他是“众多儿女中，她最疼爱的儿子”。他记得小时候，经常为母亲对其他兄弟姊妹或别人“比较好”而争风吃醋。

一个男孩子在这样的环境中成长，他的心性发展有几种可能，弗洛伊德想到了一种可能，也许跟他现在对妻子的“病态嫉妒”有关系，但他需要更多的讯息。

“你小时候有什么特别的性经验吗？”弗洛伊德问。

男子回忆起在少年时代，他曾经遭受过一次性侵犯，一个成年男子对他毛手毛脚，企图鸡奸他……“我觉得很恐怖”。

这倒是一个非常特殊的经验。

在提到他的婚姻时，男子说：“当初我会选择和现在的妻子结婚，主要是为了取悦我的母亲。让她觉得体面，让她高兴。”

“好像要娶妻子的是你母亲，而不是你？”弗洛伊德这样问。

男子并没有回答这个问题，他继续说：“在新婚之夜，我曾经怀疑妻子是不是处女。这个问题困扰了我一段时间。”

显然是打从一开始，他的疑心病就很重了。

为了了解他的潜意识心思，弗洛伊德鼓励男子谈谈他的梦。有一天，男子笑着向弗洛伊德报告了他昨晚所做的一个梦：

“这个梦很荒谬，我梦见自己躺在一张好像医院病床的床上，觉得身体很不舒服。一个年纪不小的护士过来为我量体温……她看看温度计，然后对我说：‘恭喜你，你怀孕了！’医生，您说这个梦荒谬不荒谬？”

“的确很荒谬，因为只有女人才会怀孕。”弗洛伊德一点也不觉得好笑，反而非常认真地说。

在面谈告一段落后，弗洛伊德说：“你的确是有点问题，而整个问题的源头是来自你被潜抑的同性恋欲望。”

对这样的“宣判”，男子极为惊讶：“同性恋？我怎么会有同性恋欲望？”

“我是说‘被潜抑的’，而不是‘外显的’，”弗洛伊德解释说，“同性恋的原因很多，从心理学上来看，每个人都有双性恋的潜能，但在成长过程中，有些因素会使得同性恋的欲望变得较为强烈，譬如错误的性别认同——

“你说你小时候依恋母亲，其实不只依恋，你还认同于母亲，因为母亲居于主导的地位，还特别欣赏你，她成了你效法、认同的对象。这样的人在长大后寻找对象时，寻找的是‘被母亲所爱的另一个自己’，也就是男人，他会像母亲当年爱自己一样，爱那个男人。”

“但我根本没有这样做过，这样想过啊？”男子还是不解地问。

“是的，在意识的层面没有。你说你小时候曾遭受一个男人的同性恋侵犯，那次恐怖的经验将你的同性恋欲望都压抑到潜意识里去了。”弗洛伊德说，“但是在梦中，你却泄露了内心的秘密，像那个怀孕的梦，虽然荒谬，不正表示在潜意识里你认为或希望自己是像母亲一样的女人，爱男人或被男人所爱吗？”

男子皱着眉头，似在沉思。

“如果我们承认这点，你对妻子那莫名其妙的妒意就可以迎刃而解了。你自己也知道，它有两个谜：一是为什么你不时会觉得妻子对别的男人太过亲密？一是为什么它老是发生在你们有非常满意的性交之后？”

这正是男子百思不解之处。

“当一个有同性恋欲望而又极力压抑的丈夫，在和妻子同时看到一个具有魅力的男人时，他的渴望及紧接而来的抗拒会使他产生如下的心理防卫机转：

‘不是我在喜欢他，而是她（妻子）在喜欢他！’结果，你就特别容易‘发现’妻子对对方表示好感的蛛丝马迹。”

这解开了第一个谜团。

“表面上，你是一个异性恋者，但内心却同时存在着异性恋与同性恋的欲望。当你和妻子有了一次完美的性交，异性恋愿望得到彻底的满足后，同性恋的愿望就会转而活跃，需要一个出路，结果在第二天，你就开始怀疑妻子和别的男人的关系了。”

在解开第二个谜团后，男子好像刚从睡梦中醒来一般，两眼有点吃力地看着弗洛伊德……

档案 27

被中断的差事

病人是一名四十岁的男子，主诉经常感到心悸、手心冒汗、失眠、头痛、郁闷、没有胃口等。

“这些症状有多久了？”弗洛伊德问。

“大概有一年了。”男子说，“一年前，我听到父亲病逝的消息，心脏忽然跳得很快，好像心脏病发作一般，后来虽然没有大碍，但就出现上述那些症状，看了很多医生，都没什么改善，而且情况好像越来越严重。”

病人是一名四十岁的男子，主诉经常感到心悸、手心冒汗、失眠、头痛、郁闷、没有胃口等。

“这些症状有多久了？”弗洛伊德问。

“大概有一年了。”男子说，“一年前，我听到父亲病逝的消息，心脏忽然跳得很快，好像心脏病发作一般，后来虽然没有大碍，但就出现上述那些症状，看了很多医生，都没什么改善，而且情况好像越来越严重。”

“父亲的死让你感到非常悲痛？”这个问题引起弗洛伊德的注意。

“悲痛当然难免，但一年过去了，我觉得我已经接受了这个事实。人生自古谁无死？”

“你父亲是突然病逝的吗？”

“不是。”男子说，“他缠绵病榻已经很长一段时间，有时候觉得死对他反而是一种解脱。”

既然如此，父亲的死应该是意料中的事，为什么在听到噩耗时，会突然像“心脏病发作”呢？弗洛伊德怀疑这名男子可能有未解决的“伊底帕斯情结”，在潜意识里痛恨着父亲，希望他死去；当父亲真正过世时，罪恶感整个翻腾起来，而使他爆发并持续上述的症状。

于是，弗洛伊德请他躺到长沙发上做自由联想，特别是针对童年时代他和父亲、母亲的关系。但经过数次的面谈，弗洛伊德发现病人跟父亲和母亲的关系都非常健康，并没有什么特别的地方。他这一年来的诸多症状显然另有原因，但会是什么呢？

有一次，男子说他父母有三个小孩，而他和妻子则有四个孩子。

“第四个孩子是意外的产物。”

“怎么说？”这个问题再度引起弗洛伊德的注意。

“他是我们夫妻避孕失败才生下来的。”

“你们用什么避孕方法？”

“呃……”男子说，“就是我在射精之前就抽出来……的那种方法。”

“性交中断法。”弗洛伊德告诉他正确的医学用语，然后问，“你们用这种方法多久了？”

“应该有……十一年了。”男子想了一下，说，“这有什么不对吗？”

“也许它就是让你产生那些症状的罪魁祸首。”弗洛伊德说。

男子不太相信地露出一个苦笑。

“自然的意旨是要男性将精子射在女性的阴道里，这样才能正常而健康地完成一种本能的活动。你在射精之前就匆忙而不自然地从妻子的体内抽出来，这会对你的神经系统产生严重的冲击，日积月累，就会产生焦虑性精神官能症，你的症状跟它很像。”

弗洛伊德向男子解释说，他最少看过一打以上这样的已婚男病人，他们都有类似的症状：没有胃口、头痛、注意力不集中、心神不宁、郁闷、疲倦等，在详细追问后，问题都来自性方面：因为经济压力或妻子的健康而不想再有小孩，但宗教信仰又使他们无法采取避孕措施，结果就采用不自然的性交中断法，它虽然满足了各方面的需求，但却以焦虑性精神官能症为代价。

“很多病人都是在采用性交中断法后几个月就会出现症状，你的情形比较特殊。”

“为什么我会在十一年后才发作？”男子有点不解。

“每个人神经系统的感受力不太一样，也许你以前就有一些不适感，但并没有那么严重，直到一年前父亲的死对你造成另一个冲击，你的神经系统再也承受不了，所以爆发出来。你父亲的死就好像压垮骆驼的最后一根稻草。”

“那我该怎么办？我好不了了吗？”男子问。

“也许你应该尝试其他避孕方法。使用保险套会让你和妻子产生宗教上的困扰吗？”

“是有一点。”男子有点踌躇。

“除非上帝能治好你的病，否则你就先听听医生的建议吧！”

过了一段时间后，男子来向弗洛伊德道谢，说他在使用保险套后，不必再因担心怀孕而匆忙抽出，不仅夫妻的性生活比以前畅快，他那些恼人的症状也消失了。

几天后，一个年轻的妇人来到弗洛伊德的诊疗室，她的症状是经常处于一种莫名的恐惧中，而且乳房也有一种莫名的疼痛。

“我看过内科医生，医生说我的乳房没有肿瘤，也没有发炎，应该是心理因素造成的。”

“这些症状多久了？”弗洛伊德问。

“在生下第二个小孩后就有了，而且越来越严重。”

“你什么时候较容易出现这些症状？跟月经周期有关吗？”弗洛伊德怀疑乳房痛是否和荷尔蒙的分泌有关。

“和月经没什么关系，”妇人说，“我倒觉得和我丈夫有关系。”

“怎么说？”弗洛伊德问。

“我丈夫不在家的时候，我都好好的；但他一回到家里，我就开始不舒服。”

“是你丈夫在做爱时弄痛了你的乳房，让你感到害怕？还是你以不舒服来逃避和丈夫行房？”弗洛伊德问了他想到的两个问题。

“都不是。”妇人摇摇头，“我很爱我的丈夫，丈夫也爱我。”

“你们的性生活应该也很美满吧？”

“嗯。”妇人含糊应了一声。

“是正常的性交吗？”弗洛伊德问。

“我们不想再有小孩，所以是用……性交中断法。”

“你担心你丈夫没有及早抽出来，会让你再怀孕？”

妇人点点头。这就是当丈夫在家时，她会有一股莫名恐惧的原因：因为夫妻恩爱，晚上难免行房，但她却为可能再度怀孕而惴惴不安。

“那在你丈夫抽出来之前，你达到性高潮了吗？”弗洛伊德严肃地问。

妇人睁大眼睛看着弗洛伊德，脸上因困惑而显得有点发白：“医生，这是一个适当的医学问题吗？”

“是的，因为这关系到你身心方面的健康。让我向你解释吧！”

弗洛伊德说：“一个体贴的丈夫会尽量控制他的射精时间，让妻子也能得到性满足。如果一个妻子在被刺激得快要达到性高潮时，丈夫突然抽出来，这种中断对妻子神经系统的冲击，其严重程度绝不亚于丈夫。如果你丈夫能在确定让你获得性高潮后再抽出来，我相信你就不会再有乳房的无名痛。”

妇人以一种狐疑的眼光注视着弗洛伊德。

“但如果我丈夫延后他的时间，那他无法实时抽出的危险性就会大为增加？”

“很可能。”

“那我也很可能再度怀孕，你所提供的治疗方法比疾病本身还要糟糕。”

“你们为什么不尝试别的避孕方法呢？譬如说在行房后，用阴道灌注冲洗法？”

“这种方法的效果很不确定，连医生都说不保险。”妇人说。她显然考虑过了。

“那就劝你丈夫使用保险套，”弗洛伊德说，“这不只保险，而且丈夫所接受的刺激不会那么敏感，可以延迟他射精的时间，增加你性高潮的机会。”

“我们都是虔诚的教徒，不做教会反对的事。”

弗洛伊德耸耸肩，忽然觉得他有一种倦怠感和无力感，在上帝面前。

弗洛伊德最少看过一打以上这样的已婚男病人，他们都有类似的症状：没有胃口、头痛、注意力不集中、心神不宁、郁闷、疲倦等，在详细追问后，问题都来自性方面：因为经济压力或妻子的健康而不想再有小孩，但宗教信仰又使他们无法采取避孕措施，结果就采用不自然的性交中断法，它虽然满足了各方面的需求，但却以焦虑性精神官能症为代价。

档案 28

一个女人的象征天书

写诗无法让她免除如酷刑般的颜面神经痛：这种痛以牙齿为中心，十五年来，每年都要发作个两三次，当她连续痛了几个月受不了时，家人就会请牙医来诊疗，而牙医总是诊断为牙根的神经痛，然后拔掉被认为作怪的牙齿。她前后已拔掉了七颗牙齿，但神经痛还是每隔一段时间就会发作。

有一晚，年轻的弗洛伊德在布劳尔医生的传唤下，去拜访C女士。

C女士是一个高挑、聪慧而敏感的四十五岁已婚妇人，曾写过一些诗，具有独特的风格，让弗洛伊德印象深刻。

但写诗无法让她免除如酷刑般的颜面神经痛：这种痛以牙齿为中心，十五年来，每年都要发作个两三次，当她连续痛了几个月受不了时，家人就会请牙医来诊疗，而牙医总是诊断为牙根的神经痛，然后拔掉被认为作怪的牙齿。她前后已拔掉了七颗牙齿，但神经痛还是每隔一段时间就会发作。

这次又痛得要命。弗洛伊德检查她的口腔，发现她剩下的牙齿都相当健全，没有蛀蚀的迹象。仔细询问，又发现她的症状有点奇怪：神经痛都忽然出现，通常在一个礼拜后又突然消失；如果时间拖得太久，家人又决定请牙医来拔牙时，她的神经痛就会在牙医预定来诊的前一天晚上奇迹般消失，或是被认为“作怪”的牙齿自行脱落，这似乎已成为她的一个神秘策略。

因为夜色已深，弗洛伊德只能语带同情地安慰她，开些溴化物帮助她睡眠，请她明天到他的诊所来，就匆匆告辞。在回家的路上，弗洛伊德心想：她的神经痛到底是生理的还是心理的？如果是心理的，那背后应该有一个“痛苦”的故事吧？

第二天一早，C女士来到弗洛伊德的诊疗室，没说几句，就问：“医生，您能给我催眠治疗吗？我听说不少病人在接受您的催眠疗法后，多年的病痛都消失了。”（当时，弗洛伊德还使用催眠疗法。）

“布劳尔医生没有为你催眠过吗？”

“没有。我们没有谈到这方面的事。但我现在痛得要命，我知道它一痛起来，至少就会持续一个礼拜，如果催眠真的有效，拜托您现在就帮我催眠。”

弗洛伊德的心里有点纳闷：布劳尔医生为什么不将她催眠呢？是因为不想

去挖掘熟识者的心事还是其他原因？但他已无暇多想，看到病人如此痛苦，他决定先将她催眠。

当C女士进入催眠状态后，弗洛伊德即用坚定的语气直接暗示她：她根本不必受到这种神经痛的折磨，三叉神经的分枝虽然会作怪，但只要她够坚强，她就有能力消除这种疼痛。当她醒来后，她就不会再觉得疼痛，等等。

解除催眠后，C女士用手摸摸自己的脸颊，说："现在好多了！虽然还在痛，但已经不是原先的剧烈疼痛，而是可以忍受的钝痛。"

当晚，弗洛伊德又到她家，再度针对症状给予催眠暗示，如此经过三次催眠，她的神经痛就完全消除了，而且随后在照往例应该发作的时间也没有再发作。

弗洛伊德很肯定她的神经痛是心理因素所引起的，但在催眠中，他都没有利用机会去挖掘病人的过去。他想，既然已经好了，又何必去面对痛苦的过去呢？

谁知道一年后，C女士的家人又请弗洛伊德往诊。当他抵达时，发现她又旧病复发，用手抚着脸颊部位，痛得呼天抢地。这次，弗洛伊德决定深入病人的内心，找寻那潜在的致病因素。

在将C女士催眠后，弗洛伊德即暗示她：

"我要你回到过去，回到第一次发生这种要命神经痛的时候，那很可能是一个创伤性的场景。但你一定还记得它，因为这么多年来，你都在内心深处小心地保护着它。"

C女士突然口中呢喃，眼眶里涌出泪水，身体前后摇晃，然后说出下面这段经历：

原来在她刚和丈夫结婚不久，怀了第一胎时，因为情绪不佳而和丈夫发生争吵，结果丈夫竟然残忍地殴打她。

还在催眠状态中的C女士摸着脸颊，大声说："那就好像我的脸上被打了一个巴掌！”

“对，”弗洛伊德说，“脸上被打了一个巴掌，但那只是象征性的。当时，你也许刚好有轻微的牙痛，你将你所受的伤害集中在那上面，结果就变成剧烈的疼痛，还因此痛了好几个礼拜。

“但你为什么要这样做呢？你是想在家人和医生面前展示你受丈夫攻击的标记吗？当然，你不是有意如此，那是你潜意识的计谋，你身不由己。但你实在不必再这样做了。”

C女士醒来后，弗洛伊德告诉她，折磨她多年的神经痛的真正原因：丈夫对她的伤害郁积在内心，就像隐藏在皮肤底层的脓包般，会不时让人感到疼痛，只有将脓包清除出来，才能彻底根治。

在说出她的创伤经验，化解她对丈夫的敌意后，C女士的颜面神经痛就不药而愈。

但好景不常，几天后她又爆发另一组症状：无法吞咽食物、身体不由自主地摇晃、因害怕巫婆现身而吓得睡不着觉等。结果，她又来到了弗洛伊德的诊疗室。

“我觉得我的人生好像被劈成碎片，真怀疑自己活着有什么价值？”她有点激动地说她是一个可怜人，最近几天遇到很多烦人的事情，等等。

但弗洛伊德觉得这些都不是重点，而决定再将她催眠，挖掘其他的心理症结。

这次，弗洛伊德探知了她的另一段心事：

原来C女士有一个相当严厉的祖母，祖母一心想提升家族的财富和地位，而将她许配给一个陌生人，也就是她现在的丈夫，但丈夫一点也不爱她，她的聪慧和才华让丈夫觉得如芒刺在背。在生下第二个孩子后，丈夫就不再和她行房，多年来她一直过着禁欲的婚姻生活，而丈夫却在外面拈花惹草，丑名四播。

又是一个因性欲求不满而产生歇斯底里症状的女性，弗洛伊德不禁大摇其头。

“我必须吞下这些！天哪，我必须吞下这些！”还在催眠状态中的C女士大声喊道。

弗洛伊德向她解释说：“虽然你觉得自己必须隐忍，但你心中的另一个声音却说，‘我拒绝再吞下任何东西！’而这正是你吞咽困难症状的来源，它跟你的神经痛一样，都是一种象征。”

C女士清醒过来后，她接受了弗洛伊德的解释，吞咽困难的症状即告消失，又可以吃东西了。

但过没几天，又忽然爆发类似心脏病发作的症状，害得弗洛伊德在半夜前往急诊。他仔细听她的心脏，发现心跳声完全正常，难道这个症状又是一个“象征”？

果不其然，在追问下，C女士又回忆起：有一次丈夫口出恶言责骂她，她当时觉得“心脏好像被刺了一刀”。而在说出这个创伤经验后，她的心脏疼痛就不药而愈了。

C女士的心里好像有一本“象征天书”，每一个症状都在“象征”过去的一个创伤经验。

她的最后一个症状是——视力忽然变得模糊，她说觉得“两眼之间有种刺痛感”。虽然明知这也是一个象征，但在几次催眠后，弗洛伊德都无法让她回忆起和症状直接相关的心理症结。

正感挫折无奈时，在一次非常深沉的催眠状态中，C女士终于说出浮现在眼前的一幕少女时代的景象：

“有一晚，当我躺在床上时，祖母忽然闯进我的房间，用严厉的眼光瞪着我，那眼光好似穿透我的两眼之间，射入我的大脑。”

这显然就是症状的根源。事后，弗洛伊德诱导性地问：“祖母为什么会用严厉的眼光瞪你？”

“我不知道，”C女士说，“也许她是在怀疑什么吧！”

“你一定是做了什么，才会引起祖母的怀疑。”弗洛伊德并不放弃。

C女士一下子陷入了沉默，然后喃喃说：“那已经不再重要了。”

“不！很重要。”弗洛伊德说，“否则它不会事隔这么多年，还在你的两眼之间、在你的内心深处阴魂不散。”他心里已猜测到七八分，但这必须由C女士自己说出来，才能化解她的心结。

C女士先是笑自己真傻，到现在还为那种事折磨自己，然后，好似鼓足了勇气，说：“就是那种……少年人的罪，你知道我在说什么吗？医生？”

“我想我知道。”

“你不觉得要谈它让人觉得有点窘吗？”

“一点也不！”弗洛伊德坚定地说，“手淫是家常便饭，它一点也不邪恶，是独立于道德之外的本能活动，没有什么好羞耻的。”

C女士似乎松了一口气，说：“我的婚姻是个大不幸，我一直觉得那是我咎由自取，是对我少女时代所犯的罪过的一种惩罚。”

弗洛伊德也松了一口气，说：“亲爱的女士，我终于看到你完全复原的希望，因为我们找到了导致你各种歇斯底里症状最先也是最重要的环节。只要你解开心结，不再认为自己有罪、应该受惩罚，你就可以过比较自由而快乐的人生。”

档案 29

杀婴之梦

“我梦见我挽着一位女士，在走到快到我家的门口时，看到一辆门关着的马车就停在那里，马车里突然闪出一个陌生男子，掏出证件在我面前晃了晃，他是一个警察，说要我跟他到警察局去一趟。我请他给我一点时间处理一些事情……难道你认为我心里盼望着被警察逮捕吗？”

有一天，弗洛伊德和一个律师朋友闲聊。律师说：“你老是说梦是愿望的达成，但前几天我做了一个印象深刻的梦，好像跟你的理论背道而驰呢！”

“我洗耳恭听。”弗洛伊德笑着说。

于是律师说起了他的梦境：“我梦见我挽着一位女士，在走到快到我家的门口时，看到一辆门关着的马车就停在那里，马车里突然闪出一个陌生男子，掏出证件在我面前晃了晃，他是一个警察，说要我跟他到警察局去一趟。我请他给我一点时间处理一些事情……难道你认为我心里盼望着被警察逮捕吗？”

“这当然不可能，”弗洛伊德问，“那个梦中的警察为什么要逮捕你？”

“他好像说我犯了杀婴罪。”

“杀婴罪？这是只有女人才会犯的罪啊！”弗洛伊德笑说。

“但事实就是如此。”律师肯定地说。

异乎寻常的罪名里面通常隐藏了特殊的意义，弗洛伊德的兴趣来了，要对这个梦进行分析，必须了解它的材料与来源。于是，他问：“你是在什么情况下做这个梦的？在做梦的前一天晚上，发生了什么事？”

“这个嘛，这件事有点微妙，我实在不太愿意说。”

“如果你不说，那这个梦的谜就永远解不开了。”

“好吧，我就告诉你吧！”律师好像下定了某种决心，说，“老实对你说，那天晚上我并没有在自己家里睡觉，而是和一位女士在一起，她对我很重要。早上醒来时，我们又发生了一次关系，接着我又睡着了，然后就做了那个梦。”

“这位女士结婚了吗？”弗洛伊德第一次听到他在外面有女人，好奇地问。

“是的。”

“你并不希望她怀孕吧？”弗洛伊德露出一个暧昧的笑容问。

“那当然！如果她怀孕了，纸包不住火，我们两人都会身败名裂。”

“那么你们做的不是正常的性交？”

“我小心提防着，没有等到射精就抽出来了。”

原来律师像当时很多想避免怀孕的男人一样，采用“性交中断法”。

“我是不是可以这样推想：当晚你们都小心翼翼地做那档事，但是在清晨醒来后再做的那一次，你对自己是否成功地在体外射精并没有太大的把握？”弗洛伊德似乎找到了解开谜底的线索。

“似乎就是这样。”律师又有点尴尬地承认。

“那这个梦就是愿望的达成呀！它其实是想告诉你，你并没有生下孩子，或者已经把他杀死了。这不止是你内心的愿望吗？”弗洛伊德说。

律师无法否认他确实有这种愿望。

梦不仅会以前一天发生的事为材料，而且和最近的经验也都是相互关联的。

“你还记得几天前，我们曾讨论过结婚的困境吗？我们发现最大的矛盾就是在性交时做任何避孕措施都是合法的，但一旦精子和卵子结合，形成了胎儿，那么再做任何的干预就都变成了犯罪行为。”

是的，律师想起来了。当时他们还指出，这都是中古世纪那种“胎儿已具有灵魂”的观念，才导致今日这种谋杀罪名的成立。

“我想你应该记得雷劳那首叫《死者的幸福》的诗吧？他在诗里说避孕和杀婴其实是同一罪行。”弗洛伊德提醒他。

“咦，说来真是奇怪！”律师有点讶异地说，“在那天早上，我还莫名其妙地想起雷劳的这首诗呢！”

对弗洛伊德来说，这是潜意识里冒出来的联想，一点也不足为奇。

“我还可以告诉你，在你那个梦中另有一个愿望的达成。你不是说你梦见挽着一个女人走在自家门口吗？为什么是自家门口呢？你心里热切希望的是能正大光明地将她带回家，而不必像现在这样掩人耳目地在她家偷情。”弗洛伊德很有自信地说。

这也是律师不得不承认的，他的确有这个愿望，但在现实生活里却无法实现。

“这样你同意你这个梦是愿望的达成了吧？”弗洛伊德笑着说，“但你的愿望为什么会用这种让人不愉快的形式来伪装，原因可能不止一个，我还可以提出另一种解释……”

这次换律师露出“洗耳恭听”的神情了。

“我写过一篇论文，指出‘中断性交’是造成焦虑性精神官能症的重要原因之一。你多次采用这种性交法，心中自然充满抑郁之情，结果就让你的梦也充满了郁闷的色彩，甚至还用这种郁闷的心情来掩饰你的愿望达成。”

弗洛伊德接着说：“但有一点我觉得奇怪，杀婴罪是只有女人才会犯的罪行，为什么你在梦中会受到这种指控呢？”

律师搔搔头，说：“我必须坦白告诉你，几年前我遭遇过类似的问题。当时，我和一个少女发生性关系，让她怀孕了，为了避免不幸的后果，她去堕了胎；我是事后才知道的，但有很长一段时间我一直心神不宁，担心万一东窗事发，我要如何是好？”

“难怪我觉得奇怪！为什么你会因为一次‘性交中断法’做不好，就产生那么大的焦虑不安，原来你是有前科的啊！”弗洛伊德调侃他说。

律师讪讪地苦笑：“在你的法眼之下，我真是无所遁形了！”

档案 30

父亲与女友的老鼠酷刑

“我身边有很多我喜欢的女孩子，我有强烈的欲望想要看到她们的裸体，但当我这样期望时，我就会产生某种奇怪的感觉，觉得如果我再这样想，那就会有某种不幸的事情发生，所以我必须用一切力量去阻止它发生。”

“我有两个问题，第一个问题是一再担心我生命中最重要的两个人——我父亲还有我交往了十年的女友可能遭遇不测；第二个问题是经常产生莫名的冲动，譬如在刮胡子时，会忽然想用锐利的刀片割断自己的喉咙。”

说这些话的L，是一个三十出头、高高瘦瘦、有着一对深蓝色大眼睛和书卷气的年轻人，目前在从事跟法律相关的工作。

在交代了自己的两个问题后，L就在弗洛伊德面前大谈他的性生活史：

“我有正常的性能力，但性生活并不是很活跃，说来惭愧，直到二十六岁才和女人有过真正的性交；怎么发泄性欲呢？自慰是一种方式……但除了十六七岁那段时间外，我其实也很少自慰。我也很少找妓女，因为和妓女躺在一起会让我反胃。”

“你为什么要跟我谈起你的性生活？”弗洛伊德面露笑容地问他。通常是在他逼问之下，病人才支支吾吾回答的，这个年轻人居然“不打自招”。

“啊，因为我读过您的著作，了解您的理论。”L说，“我觉得我终于找到一个真正了解人类心灵如何运作的医生。我看过很多医生，但都治不好我的病，希望您能彻底解决我的烦恼。”

“是吗？那你想说什么就继续说吧，我洗耳恭听。”

“我的性启蒙开始得很早，我还清楚记得四五岁时的一件事：当时我们家里有一个很漂亮的年轻女佣P小姐，有一晚，她躺在沙发上看书，我就躺在她身边……”

L彷佛陷入了回忆之中：

“我求她让我爬到她的裙子底下，她说只要我不告诉任何人就可以，于是我钻到她裙子里面，她穿得很少，我用手去摸她的大腿和阴户，那给我一种非常怪异的感觉。”

从那时候起，他就有一种不可遏抑的好奇心想要窥探女性的裸体。他抓住每一个机会，最让他期待和兴奋的是洗澡时间（女佣陪他洗澡），他目不转睛地看着女佣脱光衣服溜进浴缸里。

"六岁时，家里来了另一个女佣 L 小姐，她也长得很好看。她的屁股上长了一个脓疡，经常在晚上脱掉衣服挤脓，我总是兴奋地等待这一刻，来满足我的好奇心。她给我很多自由，我可以爬到她床上，掀开她的衣服，抚摸她的身体，而她从不反对。"

"当时你和女佣同睡吗？"弗洛伊德插嘴问。

"哦，没有。"L 说，"大部分时间我都和父母睡同一个房间。"

就在六岁的时候，他发现自己身体的一种奇特反应——他的阴茎经常勃起，变得很硬。他为此感到困惑，记得有一次紧张地跑去问母亲为什么会这样？

"母亲怎么回答我忘了，但我模糊地觉得这一定跟我的想法和好奇心有关。从那时候起，我就有一个病态的想法——认为我父母知道我的思想，我一定是将我内心的思想大声说出来了，但我自己却听不到，我想这就是我疾病的开端。"

弗洛伊德很有兴致地看着 L，心里想："他有很高的内识力。"不错，这种想法有点病态，可能是来自他性探索所产生的恐慌和罪恶感，也许有人曾为此而威吓过他。

"我身边有很多我喜欢的女孩子，我有强烈的欲望想要看到她们的裸体，但当我这样期望时，我就会产生某种奇怪的感觉，觉得如果我再这样想，那就会有某种不幸的事情发生，所以我必须用一切力量去阻止它发生。"

"你担心会发生什么不幸的事？"弗洛伊德问。

"譬如我担心我若再想看女人的裸体，那我父亲就会死。"L 懊恼地说，"从很早的时候开始，父亲会因我而死的念头就一直盘踞在我的脑海里，有很长一段时间，我都为此感到沮丧。"

这已经是一种强迫性观念了，而且病人还自己做了解释：他对父亲安危的非理性担忧与“性”有关。

“你父亲的近况如何？”弗洛伊德问。

“啊，家父已经在多年前过世。”L 说。

为什么父亲早就死了，现在还一再担心他可能遭遇不测呢？真是奇怪的想法。

L 在第二次来时，转而提到他最近一次病情的恶化。那是在去年八月，他以军官的身份参加一次军事演习，在出发前，他发现眼镜掉了，虽然花点时间就可以找到，但他因不想延误出发的时间而放弃寻找，打电报给他在维也纳的配镜师，要他送一副眼镜到下一个驻军地点。

在行军途中休息时，他坐在两个军官之间，其中一位上尉军官让他感到害怕，因为他一再鼓吹军中应该施行严厉的体罚，这使他觉得对方是个生性残酷的人。

“在休息聊天时，他告诉我他曾经读过东方所采用的一种非常恐怖的惩罚方式……”说到这里，L 忽然从沙发上站起来，拜托弗洛伊德不要问那是一种什么样的惩罚。他神经兮兮地在诊疗室里来回走动，深蓝色的大眼睛四处游移。

“我对酷刑没有什么特殊的癖好，更不想折磨你。”弗洛伊德安慰他说，“但如果你想治好你的病，那么克服抗拒是治疗的不二法门，你必须克服对它的恐惧。那是一种刺刑吗？”

“不是……犯人被绑起来……一个装满老鼠的缸子缸口朝下……放在他的屁股上……老鼠就这样跑进……它们一股脑儿地钻进……”L 软瘫在沙发上，再也说不下去。

“钻进犯人的肛门里？”弗洛伊德帮助他把话说完。

“是的。”L 近乎虚脱地低语。

弗洛伊德注意到此时 L 的脸上出现一种怪异而复杂的表情，那是一种掺杂着恐怖与快乐的复杂表情。也许他只感到恐怖，而快乐则是不自觉的。

片刻之后，L 艰难地说："当时，一个念头闪过我的脑海，我觉得这种酷刑就发生在和我非常亲密的人身上。"

弗洛伊德问他是什么人。L 说："就是我深爱着的女友和父亲。"但他父亲已经过世多年，"我到底在想什么啊！" L 猛摇他的头，好像在自我嘲弄，又好像要摆脱这些荒谬的想法。

他不想再谈这个问题，于是话题又回到军事演习上。当天晚上，当他们抵达驻军地时，上尉军官交给他一个包裹，那是他用电报订购的眼镜。

上尉说："A 中尉替你付了钱，你应该还他三点八银币。"

L 一听此言，心里立刻产生某种类似魔咒的念头："如果你不还 A 中尉钱，缸子里的老鼠就会钻进你女友和父亲的肛门里。"

所以，他几乎是宣誓般地为自己下达命令："你必须还 A 中尉三点八银币。"

两天后军事演习结束，L 即利用空当想办法将钱还给 A 中尉，但中间却出现很多差错和延误，有些是 L 自己在有意无意间造成的，最后几经周折，总算有惊无险地完成了"使命"。

弗洛伊德虽然听得一头雾水，但却可以感觉得到 L 并不是真的想履行他的誓言，他在潜意识里渴望着老鼠钻进女友和父亲的肛门里……这是一种肛门性欲吗？老鼠到底意味着什么呢？ L 抛出了一个奇怪的谜，等待弗洛伊德去探查。

在下一次面谈时，L 说："今天我决定告诉您一件非常重要而且一直折磨我的事。"

那是他父亲在九年前因肺气肿过世的事，他说他很爱他的父亲，但当父亲弥留时，一直呼唤他的名字，而他却在另一个房间睡着了，醒来时父亲已经死了，他为此深感罪恶，一再自责，甚至认为自己是个罪犯，有很长一段时间无法继续他的学业。

儿子因父亲去世而悲痛乃人之常情，但像他这样竟认为自己是个罪犯——仿佛他是害死父亲的凶手，实在是有违常情。

“你不觉得你对父亲的想法有点诡异吗？不合理的害怕通常代表了被潜抑的愿望，也许你曾经希望父亲死掉吧？”弗洛伊德试探地问。

L坚决否认。

“我完全相信你热爱你父亲，但一个人从出生到长大成人，他和父亲的关系是非常复杂的，也许你在某个时候恨过你父亲，但正因为你也太爱父亲了，它远远胜过恨，所以你对父亲的恨意就被压抑到潜意识里，而以一种奇怪的方式冒出来折磨你，譬如过度担心父亲可能遭遇不测等。”

在弗洛伊德的开导下，L终于想起他的确有过数次希望父亲死掉的念头：

第一次是在十二岁时，他喜欢一个女孩，但对方却对他很冷淡，他当时心里想如果他遭遇不幸，这个女孩就会对他好一点，而所谓的“不幸”，就是他父亲的去世；但这个念头太可怕了，他极力阻止它的再现。

第二次是在她父亲去世前六个月，当时他已爱上现在的女友，但因对方家境清寒，父亲反对他们的交往，“如果父亲死了，我继承遗产，就有钱能和女友结婚了”的念头又闪过他的脑海，但很快又被他摒除在他的意识外。

第三次则是在父亲过世前一天，它以较温和的方式出现，而且害怕胜过了愿望，他觉得他可能什么都得不到，但却失去了他至爱的人。

“只有说出来，诚实地面对它，为它忏悔，你才能获得真正的解脱。”弗洛伊德说。

L沉默许久，又谈起他母亲一再告诉他的一件童年往事：

母亲说当他很小时，有一次因做了某件坏事（好像是咬了某个女生），而被父亲用拳头毒打。小小的他忽然愤怒得全身颤抖，目露凶光，用他想得到的字眼对父亲破口大骂：“你是台灯！你是毛巾！你是碟子！”

他父亲惊讶地停手，摇头对母亲说：“这个孩子以后不是个大人物，就是个大罪犯！”

虽然他自己已不太记得这件事，但它显然产生了深远的影响，因为在这件事发生后，父亲就从未再殴打他，而L则变成了懦夫，担心自己控制不住愤怒的情绪，看到别人握紧拳头就感到害怕，遇到冲突的场面就走为上策。

在叙述完这个事件后，L忽然说：“咬他！像老鼠一样钻进他的肛门里咬他！当时愤怒的我，心里也许这样想吧？”

“应该说是被你关在潜意识里的那个愤怒小孩这样说的。”弗洛伊德补充道。

在接下来的分析里，L终于慢慢发现他对女友的感情其实也是爱恨交加的。虽然目前他和女友维持着一种颇为稳定的关系，但在十年前，当他开始追求她时，她是很冷酷地回绝他的爱的，在头几年，她也和其他中意的男人交往。

“有时候，我觉得她并不是真的爱我，我曾经幻想她离开了我，我在痛苦一阵子后，发愤图强，后来变得很有钱，和一个漂亮的女人结婚……然后故意安排和她不期而遇，让他看到我的成功，而她则露出懊悔的表情。

“有时候则幻想她抛弃了我，嫁给一个体面的公务员。我在失望之余，也进入同一个单位工作，侥天之幸，我升迁得很快，最后终于成为她丈夫的上司。有一天，她丈夫因为某种不法的行为东窗事发，眼看就要有牢狱之灾。她——那个弃我而去的女人，跑来找我，跪在我面前，求我高抬贵手，放她丈夫一条生路。我答应了她，冷冷地对她说：‘这是为了爱，我对你的爱；因为我早就料到有这么一天。’”

“你这是一种报复幻想啊！”弗洛伊德说，“你对女友的恨意比父亲来得明显，担心她遭遇不测或老鼠酷刑，应该是你潜意识里的报复幻想。”

但弗洛伊德还是认为他对老鼠钻进肛门里咬啮酷刑的过度反应，绝不会单纯只是对父亲和女友恨意的发泄而已，里面应该还有性的成分。

当弗洛伊德要他对肛门和老鼠进行联想时，L 说：

“我小时候因为肠子里长寄生虫，有一段时间，肛门觉得很痒。”

在弗洛伊德的心性发展理论里，幼儿最先经验到的快感是吸奶时口腔黏膜所接收到的刺激，其次是排便时肛门黏膜所获得的快感，L 既然因寄生虫感染而使肛门黏膜得到额外的刺激，难免会用手去搔痒，那他可能残留着较强烈的“肛门性欲”。

然后 L 又想起一件事：“我记得在我还没有钻进 P 小姐的裙子里从事性探索之前，家里的人曾指着我的小鸡鸡，开玩笑地说，‘它多像一只小虫虫啊！’”为什么会有这种联想呢？难道他在潜意识里认为在肛门口钻进钻出的“寄生虫”是等同于“阳具”吗？

“老鼠让你想到什么？”弗洛伊德又问。

“老鼠？”L 说，“它们是很脏的动物，是很多危险传染病的携带者和传播者。”

“你曾经说过你在军中服务时，最怕得到什么传染病？”

“梅毒。”L 再说一遍。

“梅毒这种危险传染病的携带者和传播者是什么？”

“阳具。”L 如是回答。

“那我们是不是可以说，老鼠也可以是阳具的一个象征，老鼠钻进肛门咬啮的酷刑，其实就是肛门性交的另一种说法？”弗洛伊德问。

“我从没有想过要肛门性交。”L 说。

“你是没有这么想，但潜意识里可能有想与父亲和女友进行肛门性交的渴望，它让你既期待又怕受伤害。”

L 耸耸肩，苦笑。

“这也是你在提到老鼠酷刑时，反应那么激烈，脸上充满既痛苦又快乐表情的原因，它不只勾起了你对父亲和女友爱恨交加的矛盾情感，同时也挑起了埋藏在内心深处的肛门性欲。当然，我们还可以说那种酷刑乃是对进行肛门性交者的一种惩罚，当你潜意识里有肛门性交的想望时，那种酷刑就变得格外恐怖。”弗洛伊德做了进一步的解释。

对 L 来说，“老鼠”还有另一个含意，那就是“金钱”。

当弗洛伊德告诉 L，他的诊疗费是按时计费，一个小时多少弗罗林（奥币名）时，L 脱口而出说：“这么多弗罗林，这么多老鼠！”在德语里，“老鼠”（Ratten）和“分期付款”（Raten）极为接近，所以 L 会有此联想。

这似乎也说明了为什么 L 在听过军官所说的老鼠酷刑后，会急于想偿还配眼镜的钱，因为他父亲以前在军中服役时，很喜欢赌博，但经常欠赌债不还，名声不太好。L 必须偿还他所“欠”的配眼镜的“债”，以免在想象中父亲遭到老鼠酷刑。

事实上，L 也是一个对金钱很有兴趣的人，“累积金钱”跟“累积大便”一样，是“肛门性格”的特征之一。

L 告诉弗洛伊德，大约六年前，母亲对他说有一个非常富有的亲戚答应她，只要他跟那位亲戚的任何一个女儿结婚，他就能获得大笔嫁妆，而且有一个很好的工作。当时他颇为心动，但想到自己的女友，又开始犹豫起来。

“就在犹豫难决时，我的那些症状明显恶化起来。”L 不无遗憾地说。

“你是以‘生病’来逃避做决定，就像经常耽溺在幻想中一样，这是病态的对应方式，在金钱与爱情、现实与幻想之间，你必须做一个抉择。”弗洛伊德规劝他。

在抽丝剥茧之后，弗洛伊德总算让 L 慢慢了解他所说的第一个问题——为什么会一再担心他生命中最重要的两个人——父亲和女友可能遭遇不测，还有对“老鼠酷刑”的恐怖反应找到了可能的答案。但还有第二个问题——为什么在刮胡子时，会忽然想用锐利的刀片割断自己的喉咙？

“你还记得你什么时候有这种冲动吗？”

L想起来，当他还在求学时，有一次正准备考试，他的女友却因为去照顾生病的祖母而离开了他，害得他心神不宁，无法专心读书。

“当时，我的脑中忽然出现一个念头：‘如果有人命令你要好好准备考试，你会服从。但如果有人命令你拿刀片割断自己的喉咙，你要如何是好？’当我这样想时，就觉得有人已经下达了这样的命令，于是我身不由己地跑去拿起刀片……”

真是让人莫名其妙的想法。

“但就在我注视手上的刀片时，我的脑海里忽然又出现另一个念头：‘事情没有这么简单，你必须做的是去割断那个老太婆的喉咙！’然后，我就摔倒在地上，心里充满了惊惶。真不知道自己在想什么。”

弗洛伊德微笑说：“事情的确没有那么简单，但其实也很简单。”

他解释说，这是强迫性观念里一种常见的“顺序颠倒思维”。当L正需要女友陪伴时，女友却去陪伴生病的祖母，在意识层面，他对女友的这个决定当然不能说什么，生病的祖母的确需要人照顾；但在潜意识里，他却痛恨那个老太婆抢走了他的女友，而恨不得“用刀片去割断她的喉咙！”但这个念头太邪恶了，随即因罪恶感而产生必须受到惩罚的念头：“你太无耻了，应该用刀片割断自己的喉咙！”

“这两种想法以颠倒的顺序浮现在你的意识里，或者只剩下后一种想法，这正是很多强迫性观念让人感到莫名其妙的原因。”

弗洛伊德最后说：“总而言之，在你的潜意识里，有很多让你感到罪恶的事和想法，它们以颠三倒四的方式折磨着你。解脱之道就在了解你潜意识的思维方式。”

在经过将近十一个月的漫长分析和治疗后，L终于如自己当初所预期的，不仅了解了自己和人类的心灵是如何运作的，而且化解了困扰他的两个问题，他后来成为一个成功的律师，承办了不少犯罪的个案。